U0093605

當東方遇到西方

領導統御核心智慧
—道、術、勢、法

瞿有若 著

淡江大學出版中心

感謝詞

這一生我由一個曾致力於化學領域，在美國學習與工作近 25 年，又在海峽兩岸努力奮鬥近 15 年，最終從一家通訊公司高階層主管退了下來。其間歷經多種挫折、接受各項挑戰，但也努力奮起不斷學習。在這種中西文化不斷薰陶下，自己一直嘗試在不同文化衝擊的工作環境中，來領悟東西方在領導和管理上的差異，漸漸融會貫通之後撰寫本書，期盼能與對領導統御領域有興趣者，共同分享經驗，或許也能提昇領導管理者未來的一些領導實力，這真是我於耳順之年的人生心願

在整個寫作過程中，我非常感恩美國陸軍工程署、AT&T 貝爾實驗室、摩托羅拉公司給了我學習領導統御的歷程，也感謝淡江大學和聖約翰科技大學，提供我一個領悟與教導「領導統御」的機會，沒有這些工作舞台，我很難體會領導統御的真諦。同時在我工作生涯

中，又獲得許多具有領導風範、真誠、智慧、謙遜之主管和好友：如摩托羅拉公司 Thomas Hinton 副總裁、山東郵電鄭萬升局長、聖約翰大學楊敦和校長、中國電信劉志勇總經理、十銓科技公司夏澹寧董事長等，在領導統御中予我最佳的啟示與教材，實在是無限感謝！

本書能付梓要特別感謝執行主編工作的陳清稱先生，他不僅在編輯專業上令人佩服，其在企業管理領域之造詣與素養，也令我刮目相看。此外，又得到教中文的胞姐瞿珊瑩女士，在寫作方面的指導；兩位優秀學生陳玉好小姐與賴惠萍小姐幫忙打字、製作圖片、同時閱讀文章、耐心校稿、並評論內容，使得本書更臻完善。最後對淡江大學出版中心吳秋霞經理的鼓勵與鼎力相助（她專業的堅持、熱忱與要求，令人敬佩）、及林信成主任、張瑜倫小姐熱心支持與協助，使得本書最終才能完成出版，皆不勝感激！

感謝詞

謹以本書，獻給生我，養我，育我之父母，與所有培育我成長之師長，以及關心支持我之所有朋友。

瞿有若

2015 年 3 月

目次

目次

論「術」篇

論「勢」篇

目次

論「法」篇

序

領導統御核心智慧—道、術、勢、法

筆者在職場工作 30 餘年，其間雖然曾被任命為不同階層管理者的工作、也身負領導者的角色，但始終卻對領導與統御的真諦未能深入思考。

自退休後，不斷研讀領導與管理書籍，又受聘於大學擔任教授「領導統御」課程，並同時參與「企業經營與診斷」與「領導與管理人才培育」顧問工作，其間有幸認識不少企業優秀領導者，也見證到一些企業由興盛而衰退，或由一蹶不振到起死回生，致使一些組織領導者亦跟著奮起或失落。

此時，忽然茅塞頓開，更加感觸到一位企業管理者或組織領導者，若能早日運用領導統御核心智慧「道、術、勢、法」的精髓，將影響企業組織成敗甚大。

感觸之餘，也體會到數十年來只會學習西方現代管理科學方法，卻不懂得汲取中國古人聖賢智慧（例如，四書五經、老莊學說、及孫子兵法等），加以融會貫通，運用在領導統御上，這種「學而不思則罔」的迷失，實為可惜。

打造願景與使命，帶領團隊前往

在近十年重新閱讀古書之際，益加意識到儒家的修身、齊家、治國、平天下，兵家的知己知彼百戰不殆，道家的無為而治，佛家悲天憫人等思維，和西方管理科學中的領導統御與企業管理的精神，息息相關。

每在細細品味古人智慧之時，深刻體會到：從古至今，大部分組織的領導人或企業管理者，在汲汲營營工作時，一心想展現的能力，其實只是領導統御中的方法（也就是「術」）；不然就只是遵循體制與管理法規、照章行事而已（也就是「法」）。例如，在一般企業有關領導或管理培訓課程中，「企業溝通」教的是如何「向上溝通、向下溝通、平行溝通」等與人溝通的手法；「企業倫理」要的是如何「遵守組織規範」的法則；這些對於現今企業的成員，影響有限而且短暫。

此外，一些優秀的領導者，雖然願景遠大、品格清廉、對待部屬親切、管理有方（也就是「道術兼備」），但組織卻仍然陷入經營衰退的困境。探究困境形成的原因在於，領導者所處的環境或情勢已經不同，領導者所制定的策略或領導模式（不論是產品、市場、營運、人事）

都已不符合現「勢」（也就是未能審時度「勢」）所致。

筆者在摩托羅拉（Motorola）公司服務時，特別感受並敬佩領導者對於「尊重個人（respect for people）」企業文化和「正直操守（integrity）」價值觀的堅持，但公司卻因未能掌握數位通訊科技情勢、轉型緩慢，最終從市場衰退，乃因領導者未能正視市場「趨勢」之結果。

因此，做為企業高階主管或領導人，必須靜心思考如何打造一個擁有長遠競爭力的組織，尤其是帶領眾多員工時，首先必須提出讓人願意追隨的願景、價值觀與使命（也就是「道」），然後了解情「勢」、掌握趨勢，再施展因時因地因人最適宜的管理技「術」，才能發揮並展現團隊領導力。

兼容道、術、勢、法，發揮領導統御

領導統御中「道術勢」合一的真諦，與大自然運行的道理並無不同：在大自然中，「道」是事物發展的規律，「術」是規律指導下的方法，「勢」則是規律適用的環境，「法」是促成規則實行的工具。

「道」與「術」相輔相成，但只有在適當的「勢」下，才能發揮、成長。領導統御的範疇，就好比在一個園林內，「道」是林木的主幹、「術」是林木的眾多分枝、「勢」是林木成長環境（例如，土壤、水分、日照等）、「法」是確保環境的維護，林木是否成長茂盛，樹幹、枝葉、環境等三者缺一不可（如圖1所示）。如果環境不佳，例如土壤貧瘠，雜草叢生，則澆水施肥，斬草除根，都是必要。

以園林做為比喻，「道」就像林木的主幹、「術」是眾多分枝、「勢」則是林木成長的環境、「法」是確保環境的維護。林木是否成長茂盛，樹幹、枝葉、環境等三者缺一不可。

圖1 領導條件道、術、勢三者，缺一不可；法之施行，協助領導執行

組織與企業成長亦是如此，領導統御中的「道」指的是，領導者的內在素質、涵養與思想，反映在領導團隊時的願景、價值觀、使命感，是一種心道的傳遞和影響，藉由「內在的鍛鍊」，達到「外在影響力」；而「術」則是在道的規律指導下，所實行的領導模式與方法，藉由不同管理的方法，達到有效的結果。

因此，領導統御是一種藝術、一種科學，其中涉及人物、環境、事件與方法，是一種品質、能力，也是一種過程。

匯集東西方管理知識，提升領導力

處在知識爆發、科技日新月異的環境中，任何事物都不斷地在改變，但有關管理科學與領導行為所創新與改革的觀念並不多，即使是對於「企業管理學」大部分也是運用西式管理。

序

令人欣慰的是，愈來愈多研究企業領導與管理學者，發現中國國學中許多歷史智慧範例，都能印證新世紀的領導原則；這種以古鑑今的研究，相對地也為古人經典注入生命活水與運用價值，提升現代領導統御與企業管理的智慧，例如，美國西點軍校（The United States Military Academy at West Point）就將《孫子兵法》列入必修課程之一。

筆者經由多年來職場上領導與管理的歷練，加上研讀中華文化論述「道、術、勢、法」古人智慧精髓的領悟，與現代西方所強調領導與管理模式做對照，融合匯集成為此書，冀盼現今企業領導人與管理者，能夠更加廣泛領悟學習增強領導實力，成為領導企業永續經營的深厚根基。

論「道」篇

讓員工樂於追隨，達成企業目標

最高明、有效的領導，並非來自於日常管理技巧，而在於企業領導人本身的「靜態領導能力」，包括領導人的角色、定位、視野、格局、願景、價值觀和使命感，乃至於領導人本身的品格、涵養、文化思想與人格特質等。企業領導人若能切實實踐，就會使跟隨者樂於追隨。

1.道的實質內涵

結合內在信念與管理技巧，發揮領導統御影響力

2.領導人的信念、價值觀、行動力與正直操守

建立願景、指引方向，激勵追隨者一同前往；

具體實踐、品格養成，以身作則帶領員工

3.領導者展現關懷，回餽社會

尊重人性、充分授權、激發員工潛能，追求永續經營

4.領導的藝術與技巧

治理公司如帶兵作戰，須審時度勢、依「道」而行

5.道的真諦

訴求價值觀與使命感，讓追隨者樂於追隨

論「道」篇

「領導統御」的定義甚多，從「修己治人」的聖賢哲人、「發號施令」的戰場將領、「得人治世」的君主領袖、「諄諄教導」的學校師長、「汲汲營營」的企業領袖，他們的角色雖然不同，但過程都是在帶領眾人，完成一種任務。筆者數十年從事管理工作及研讀領導統御，體會到「領導統御」其實就是一種「道、術、勢、法」的結合，也就是一位領導者必須要在適當的環境及情勢下，確定行動的理念與目標、使用正確的方法與手段，善用賞罰公正制度和激勵的原則，引導眾人完成目標。

本文「道」篇，主要在說明「領導統御」中「道」之內涵與真諦，致組織中最高領導者，如何運用其「道德、真理、智慧」之精髓，發揮「言教、身教、行動」的影響力。因此，本文「道」篇也說明了領導統御之中「德」之重要性，終究在老子《道德經》中「道德」兩字，「道」在先，「德」緊隨在後。在文中多處引用古人智慧之經典，對照現今「領導與管理」學中之範例，以古鑑今融會貫通，驗證古今領導本質並無不同，凡具有「正道、上道」者以「道」服人、非以「力」服人，才是高明領導。因此，無論時代環境千變萬化，惟「道」的真理是永不改變，優秀的領導者總是能審時度勢、遵循正道、善用權術，自然就發揮其影響力和領導力。

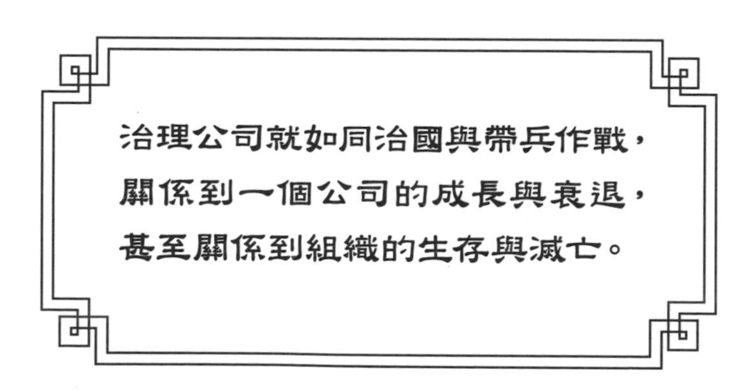

1. 道的實質內涵

結合內在信念與管理技巧，發揮領導統御影響力

許多領導統御學說中將「領導力」定義為：「一種能夠影響別人的力量」。有效的領導力來源，並不是出自於職位或權力，因而得以在言語上發出命令、或在行為上展現出管理技巧（也就是領導統御中的「術」），而是一種內隱於領導人心中對未來的追求（願景）、經營企業的信念（價值觀），以及想要完成任務的責任感（使命）（如圖 2）。

在探討領導統御眾多學說中，大多以研究、引述西方管理中領導人如何造就高效率團隊或組織等議題為主。但事實上在 2500 年前，中國古人的智慧早已將領導統御的道理與方法（也就是道與術）清楚地描繪出來。《易經》〈繫辭〉中說：「形

有效的領導統御必須包含領導人的自身修為、價值觀與使命（道），以及管理技巧（術），在內外兼治的情況下，領導員工、完成組織目標。

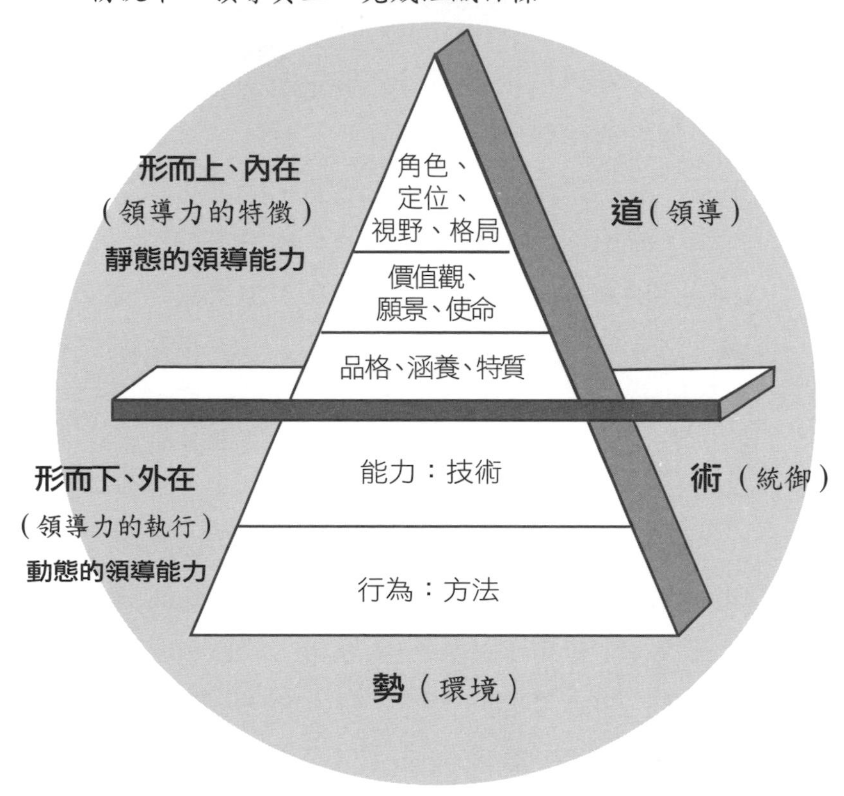

圖2　領導者審時度勢、道術兼備，發揮領導力

而上者謂之道，形而下者謂之器（看不見的、抽象的、思想上的，稱之為道；看得到的、具體的、行為上的，稱之為器）」。此種無形的（或形而上）道，再加上從領導人身上散發出「發乎內、左其態（意指出自於內心的信念，並在行為上具體實踐）」的領導力量，比有形的（或形而下）術，更能深入影響組織各層面，效果也較為長遠。

領導統御中的道就如老子《道德經》第43章中「不言之教，無為之益，天下希及之。」所述，屬於「無言教導」，亦即「不須要使用多大力量，就能使眾人受益，是天下很少有人能比擬的」。這種不言之教也成為領導者的「靜態領導能力」，包括領導者的角色、定位、視野、格局、願景、價值觀和使命感，以及品格、涵養、文化思想與人格特質等。

孔子在《論語》〈為政篇〉中說：「君子不器！朝聞道，夕死足矣！」指的是領導人不能只專精於狹窄的專業領域，而應追求全方位的才德。從「朝聞道，夕死足矣！（早晨明白了宇宙真理，即使晚上死去也無憾！）」中可看出，孔子心懷謙恭，對道充滿了敬畏之心。因此一個領導人若能透過人格的力量，以道服人，以德感人，才能使領導力與影響力昇華到最高境界。

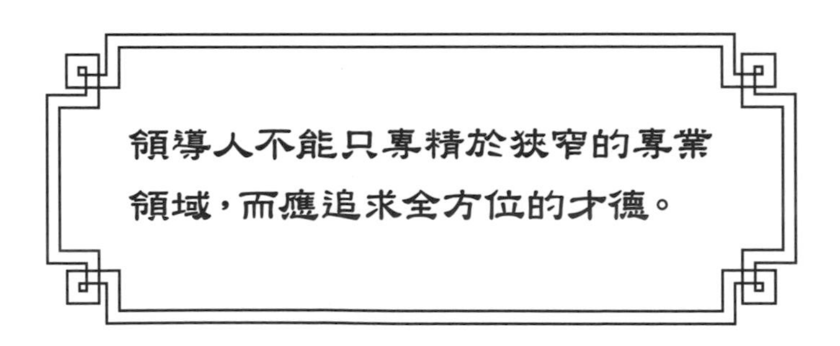

2. 領導人的信念、價值觀、行動力與正直操守

建立願景、指引方向，激勵追隨者一同前往；具體實踐、品格養成，以身作則帶領員工

道的意義甚廣，它是一種「道理、真理（即規律）、智慧（即悟道）」。用於帝王術時，講的是君主的「天道、王道」；用於治國時，要求領導者的是「有道、中道、上道、常道」；用於企業經營時，談的是管理者的「正道、人道、公道」；用於做人處事（也就是領導自己）就得「厚道」。

這幾個道的涵義詮釋各層級領導者的作為，可歸納成以下幾個共同要素：優秀的領導人必須確實了解所處位置的角色與未來方向、具有高瞻遠矚的視野與格局、能夠建立充滿希望的願景、展現出令人敬仰的風範與品格，並樹立令眾人願意跟隨的信念或價值觀。

比如說，台積電董事長張忠謀就堅信，「誠信」是經營企業的核心價值觀（台積電的4個價值觀是「誠信正直、承諾、創新、與客戶成夥伴」）。張忠謀甚至認為，「企業策略可以改變，企業價值觀不能改變。」這種對真理與智慧的堅持，成為台積電經營成功的重要原因之一。

綜合上述，道除了具有「悟道」（道理、真理）的意義外，又可分成「言說」「道路」「行動」與「人格」等四個層面，如圖 3 所示：

(1) 言說：傳遞願景、價值觀給追隨者

道也有「言說」之意。老子《道德經》第一章就說：「道可道，非常道。」第一個道字為「道理」，第二個道字則是將道「言說」。其實道有時需要說明，更需要宣揚，就如同宗教之宣道、講道，在企業組織中領導者也必須將願景、價值觀與信念等傳遞給追隨者。

企業領導人必須將願景傳遞給追隨者，指出組織未來發展方向，並且具體實踐，同時本身也要具有高尚的品格，才能真正體悟領導統御的精髓。

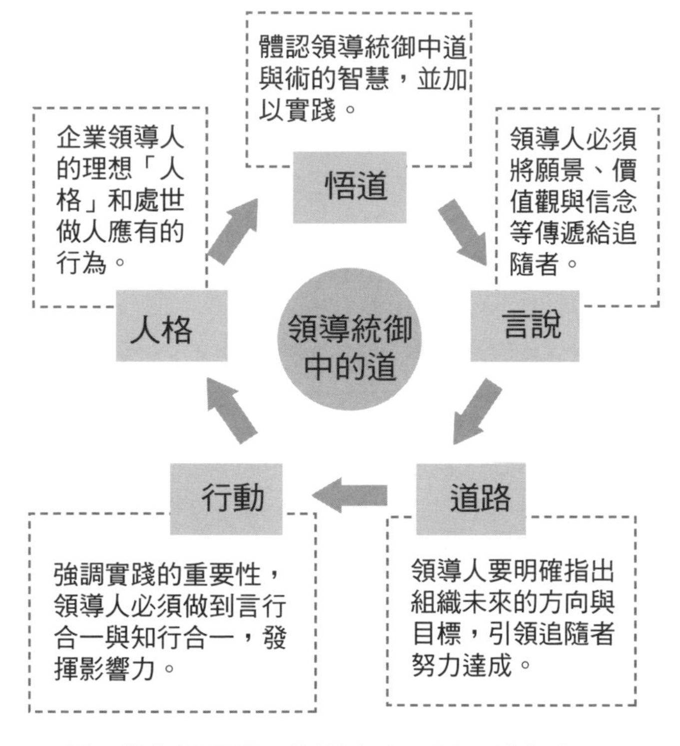

圖3 從宣揚願景、指引方向，到具體實踐、養成高尚人格

例如，台達電子創辦人鄭崇華意識到能源缺乏與環境污染危機，因此一生致力於綠色能源的宣揚開發。又比如，和信治癌中心醫院院長黃達夫，主張「藉由工作機會服務眾人，最終發揮個人無限的潛力。」是和信治癌中心醫院每一份子的使命，因此黃達夫經常在院內外宣導理念，這就是將道在言說上實踐的例子。

(2) 道路：明確指出組織未來方向與目標

道又意謂「道路」（Way）或「途徑」，代表領導者期望的未來方向與目標，例如企業創新或變革等。《詩經》〈大東篇〉中說：「周道如砥，其直如矢。君子所履、小人所視。」原意是說：「周朝的道路平坦得像磨石，筆直地像箭桿一般通暢無阻。貴人路上常來往，小民只能在旁瞪眼望。」用以形容周朝政治清明，君子所行走的，是小民所效仿的，套用到現代企業中指的是，企業未來發展方向與實踐的目標。

論「道」篇

老子《道德經》第 15 章說：「孰能濁以靜之徐清；孰能安以動之徐生。」大意是說，誰能夠把混亂的情況有條有理的逐漸解決？誰能夠在大家苟安的時候，還能掌握時機繼續前進，不斷地創造生機？說明當領導人專注於願景，就能在惡劣的環境中看見清晰的未來，在安定中實踐創新。因此一個領導者必須明確指出組織未來的方向與目標，才能引領追隨者努力達成。

此外，當創新或改革的道路，成為企業文化或組織的共識時，其威力更是無窮。比如說，有「品牌先生」之稱的宏碁創辦人施振榮，一生致力於品牌經營。受到施振榮的「品牌之道」影響所及，也讓台灣許多企業家深深了解到品牌才是獲利的根本，是一條進入世界級競爭必須要走的道路。

(3)行動：企業領導人以實際作為說服員工

道又有「行動」之意。領導統御中之「導」字，已隱含著道，而這「道」字，又為「首」與「行走」之結合。這表明領導者要以身作則、身體力行，行之有道，則必擁有跟隨者。誠如《中庸》第29章所指「上焉者，雖善無徵。無徵，不信。不信，民弗從。」大意是說，領導者雖然有心向道，但沒有加實踐，員工因為看不到領導人在這方面的具體行為，也就變得不容易相信領導人，最後造成員工信心不足，不願意繼續服從領導。

《莊子》〈齊物論〉中所說的「道行之而成」，則可作為兩種解釋：一是，路是人走出來的；另外是指，道要實踐它，才能成功。不論是哪一種解釋，都在強調實踐的重要性，因此企業領導人必須做到言行合一與知行合一，才能發揮影響力。

老子則強調道必須實踐的地方，例如《道德經》第 33 章中所言：「知人者智，自知者明。勝人者有力，自勝者強。知足者富，強行者有志。不失其所者久，死而不亡者壽。」其中「不失其所者久」指的就是要循理而行，按規律辦事，順其自然，不失分寸，凡是如此行事的人必然能夠長久。《道德經》第 41 章又說：「上士聞道勤而行之。中士聞道若存若亡。下士聞道大笑之。(有智慧的人聽到道就覺悟了，故能勤奮力行。一般人聽到道，覺得好像有些道理可是又沒有覺悟，所以不會身體力行。等而下之的聽了道，完全無法體會高深的道，覺得所聽到的只不過是笑話。)」意即高明的領導者通常都是能勤於實踐的人。

比如說，鴻海集團董事長郭台銘曾說：「走出實驗室，就沒有所謂的高科技，只有執行的紀律。」他以身作則將鴻海的經營之道，貫徹在產品設計與製造的實踐上，讓鴻海除了具有規模經濟的成本優勢外，同時擁有驚人的行動力。

(4)人格：正派經營，重視品德更甚於才智

道也規範了一個人的理想「人格」和處世做人應有的行為，並且突顯在「人品」與「風格」上。人品來自於涵養、教養，而風格來自於視野、特質。人格的養成與發展過程，是一個人內在的知和行，言和行的合一。因此領導者若能知行合一、言行一致，其格必正（正格）、其道必勝（正道），而其所經營的企業必然遵循著取之有道、經營有道的正派格局。

成功的企業背後，往往有一位人格高超、令人敬畏的領袖。台灣許多成功的企業家，例如王永慶、張榮發等人，他們不見得擁有高學歷，但都具有良好的人格（當然還有許多其他方面的能力，例如明確的管理分析決策能力等），高超的人格不僅深深影響企業集團，甚至也影響到社會。長榮集團總裁張榮發並以「有才無德不可用，有德無才尚可用！」做為選人用人的原

則，他認為品德比才能更重要，有才無德之人對企業的危害，比有德無才之人更劇烈。又比如，摩托羅拉新進員工到公司報到後，第一個學習的字便是 Integrity（正直的操守），藉此彰顯企業領導者對員工品格的高度重視。

而能徹底上述四個層面，才能真正體悟領導統御的精髓，達到「悟道」的境界。

3. 領導者展現關懷、回饋社會

尊重人性、充分授權、激發員工潛能，追求永續經營

自古以來，中華文化中的道即具有「整體性」與「宇宙性」。《莊子》說：「以道觀之，物無貴賤。」意思是說「從道的立場來看，萬物沒有貴賤之分」，就是一種整體的世界觀。

老子《道德經》第43章也說：「故道大，天大，地大，人亦大。域中有四大，而人居其一焉。人法地，地法天，天法道，道法自然。」說明宇宙自然運行的原理以道為首，老子認為，人道亦應效法宇宙的自然之道，唯有透過效法自然的人格力量，才能長治久安。

比如說，奇美集團創辦人許文龍深信每一個員工都是善良，都有著無限的潛能，也能貢獻無限的價值。許文龍採行「無為而治」充分

授權的經營方式，其領導模式有若鯤鵬（比喻至大之物），充分展現領導人的胸懷。

《禮記》〈禮運篇〉說：「大道之行也，天下為公（大道實行的時代，天下為天下人所共有）。」這更是一種企業崇高之道，影響層面更大。近年來興起的「企業社會責任」（CSR，Corporate Social Responsibility），就是鼓勵企業的領導者，能善盡企業公民的責任，獲利之餘能多回饋社會，將企業效益與社會福祉連結在一起，企業領導人若能如此就是「大道」。

4. 領導的藝術與技巧

治理公司如帶兵作戰，須審時度勢、依「道」而行

探討領導統御時，《孫子兵法》中的論述是不容忽視的重要經典。《孫子兵法》雖是一本古代的「戰爭兵法」與「練兵術」，但若以現代商場的語言來表述的話，兵法就是極佳的「企業管理術」。

《孫子兵法》〈始計篇〉開宗明義說：「**兵者，國之大事也。死生之地，存亡之道，不可不察也**（戰爭為國家的頭等大事，關係到軍民的生死、國家的存亡，不能不慎重縝密去察覺、分析與切實注意）。」為企業與組織在經營管理上做了最佳提示，治理公司就如同治國與帶兵作戰，關係到一個公司的成長與衰退，甚至關係到組織的存亡，領導人不可不慎。

事實上《孫子兵法》的智慧精髓中，尤以〈始計篇〉影響企業領導與管理最為深遠。〈始計篇〉中說：「故經之以五事，校之以計，而索其情：**一曰道，二曰天，三曰地，四曰將，五曰法。**」指明治理國家或企業經營的方向原則與順序。也就是說治理國家或經營企業時，必須透過多面向分析，比較各種可能的狀況，進而掌握正確的實情，才能分出戰爭勝負、經營成敗。

其中以「道」為最先，「天、地」緊接在後，「將」「法」再隨之。道之所以凌駕於一切（甚至在天、地之前），其用意在於強調道才是主宰。而介於道與將之間的天、地，指的則是時間與空間或所處的環境（如圖 4），但就算環境千變萬變或外在情勢如何變化，道的真理也不能改變。

Y軸所表示的是時間上的差距（即所謂的「天」），從過去、現在、到未來；X軸代表的則是環境或空間的差距（即所謂的「地」），從東方、西方，到當地；Z1與Z2是表示影響領導者的某些重要因子（圖中以文化思想潮流、社會文明為例）。

而X、Y與Z軸交會出的點，即為現今社會情況下（或企業競爭狀況下）領導者的處境。用以說明一個優秀的領導者除了應具有歷史觀與世界觀外，還要能經得起時間與空間（不同環境）的挑戰。

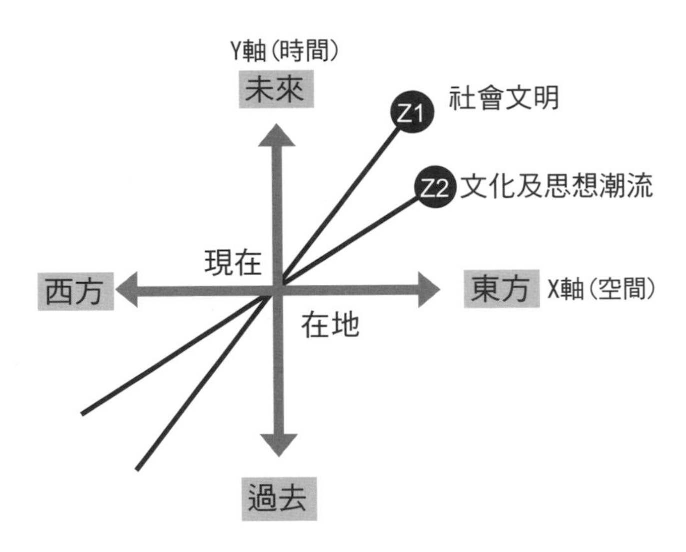

圖4　了解自身定位與角色，宏觀外在局勢變化

至於「將」則在說明一個成功將軍或領導人，如何使一個國家轉危為安、企業由衰轉盛，除了必須要在「正道」領導之下，更要有天時、地利之配合，才能有機會成功。《孟子》〈盡心上〉說：「萬物皆備於我矣。」萬事萬物之理皆由「我」而起，企業領導人若能以修身為根本，則未來價值潛力無窮。

「五事」最後一字為「法」，也就是官道、法制或企業中之組織架構、權責劃分與資源配置。以上為〈始計篇〉中「故經之以五事」經典之處。而「校之以七計」中之七計指的是：「主孰有道？將孰有能？天地孰得？法令孰行？兵眾孰強？士卒孰練？賞罰孰明？」等，再次強調在領導與統御中，道凌駕一切的重要性。

至於《孫子兵法》〈始計篇〉有關「道、天、地、將、法」之論述為：「道者，令民與上同意，可與之死，可與之生，而民不畏危也。天者，陰陽、寒暑、時制也。地者，遠近、險易、廣狹、死生也。將者，智、信、仁、勇、嚴也。法者，曲制、官道、主用也。凡此五者，將莫不聞，知之者勝，不知者不勝。」對照企業經營與管理其意涵為：

道：公司治理方針，領導者的企業發展願景、價值觀與信念、企業文化。

天：對機會的把握。

地：對產業趨勢、競爭形勢與環境的理解與利用。

將：領導與管理的方法、得人治事的領導統御方法。

法：公司制度、結構安排、資源（即財力、物力與人力）配置。

這些都是屬於領導統御中重要的領導藝術與技巧。

5. 道的真諦

訴求價值觀與使命感，讓追隨者樂於追隨

現今環境變化無窮，使領導者對企業經營更加繁雜艱困，古人的智慧或許對於現代管理不見得有立竿見影的效用，但是領導人在思考企業經營的深度與廣度時，若能對古人智慧多加領悟，對領導與管理的工作將會有很大的幫助。

西方管理學說大都偏向於術，強調管理的方法或策略，但是高階經理人應更不能忽視道，研讀古書（例如四書五經、老莊學說、《孫子兵法》等）與體會古人智慧，使領導者在領導統御的工作上悟出其道。所謂「半部《論語》治天下」，即說明《論語》在領導與管理上的重要性。在《大學》中之經典名句「格物、致知、誠意、正心、修身、齊家、治國、平天下」，

更明確說出一個領導者由個人涵養到治國平天下的道理，都是相當實用的智慧。

因此如何成為一個優秀的領導者，就始於領導者對領導統御中道的領悟。領導者要釐定正確的角色與定位，並具有大格局、大視野的組織願景，更能展現出令人敬仰的價值觀與使命感，這些都是領導人的道，也就是一種靜態的「領導力」。

《孟子》說：「得道者多助、失道者寡助」，就是指領導者若能充分展現出道的意涵，並切實實踐，就會使跟隨者樂於跟隨。汲取古人的智慧，可以提升人生的素質；而做為領導人時，這些智慧將會影響更多的人們。最後引用《道德經》第 17 章所說：「太上、不知有之。」最高明的領導就是化領導於無形，部屬感覺不到領導人的存在，但卻強烈的感受道的存在。

論「術」篇

選用對的人，做好對的事

談到領導統御中的「術」，許多人會誤以為是操弄他人的奸巧「權術」，但其實「術」的涵意與根源包含了五種不同的面向，講求的是用心良善、用權正道、用計靈活的領導眾人，事半功倍地完成任務，與現代管理學說中，所強調的領導特質與能力互為呼應。

在詭譎多變的時代，有效的領導，除了來自於領導者本身的品德修養外，領導與管理技能同樣不可偏廢。

1.術的意涵與五大面向

選對人、做對事，審時度勢調整方法與策略

2.技藝、技能、學說

領導能力並非全然天生，可經由後天培養與學習

3.心計、權謀、計謀

溝通說服、專注傾聽、賞罰明快，引領眾人達成目標

4.方法、手段、程序

帶領團隊作戰，將願景與使命化為實際行動

5.力量、工夫、氣勢

兼容思考與行動之長、依部屬專長指派任務

6.權宜、變通、隱密

主動追求變化，洞察危機、預先做好準備

7.術的應用

結合道與術，融會貫通東西方管理智慧

論「術」篇

對領導者而言，「道」與「術」都是必備的能力。

道是靜態「形而上」的表徵，也就是領導者的角色、定位、視野、格局、價值觀、願景、使命、目標與特質，屬於領導統御中的「領導」，著重領導者本身人格品德的健全，無形中成為部屬敬仰與團結的核心，是一種領導者「心道之傳遞」。

術是動態「形而下」的表徵，也就是領導者的專業、思考、計畫、決策、組織、整合、激勵、執行與控管等多方面能力，屬於領導統御中的「統御」，著重對部屬的了解、事物分析、問題推斷以及對群眾心理之掌控，進而引導並指揮部屬，是一種領導者「方法的運用」。與北宋文學家蘇洵《權書》所說：「為將之道，其稱之為『心』，而御下之道，則稱之為『術』（身為將領，本身的品德修練，是一種『領導』，而帶領與駕馭部屬的能力，就是一種『統御』）」具有同工之妙。

1. 術的意涵與五大面向

選對人、做對事，審時度勢調整方法與策略

在中國文學中，關於「術」的辭彙甚多，其意涵與根源可歸納成五大面向：「技藝、技能、學說」「心計、權謀、計謀」「方法、手段、程序」「力量、工夫、氣勢」「權宜、變通、隱密」等（如圖 5）。而這五大面向又與現代企業管理中，要求領導者應具備的能力相呼應。簡單而言，統御部屬的方法，就是各種面向「術」的運用。

在談論術的各家學說中，以法家韓非最為顯著，強調「法、術、勢」三者兼具、相輔相成。其中「法」指的是，法律和組織架構中的規章制度，強調的是立法、執法與賞罰公正；「術」是指領導者用人與統御的策略、方法，強調的是權術、馭臣之術；「勢」是指權力與威勢，領導者擁有威嚴與權勢，依形勢、情勢施展領導力，恩威並濟治理眾人。

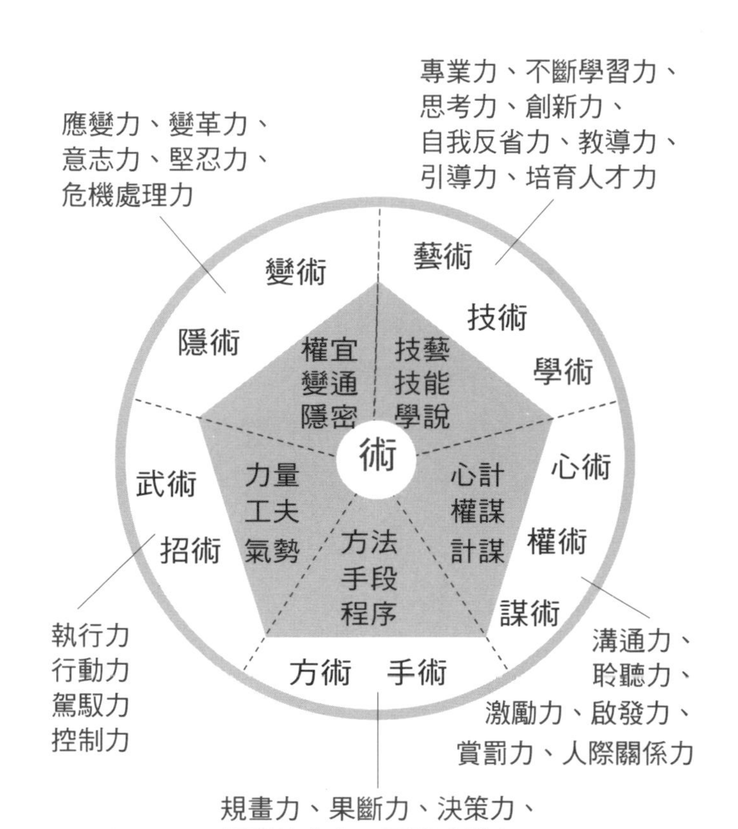

圖5　鍛鍊「術的五大面向」，做個稱職領導人

因此「法」和「術」是領導統御中最重要的工具，而「勢」則是運用「法和術」的前提條件與環境情勢。

唐朝大臣李林甫更視「法、術、勢」為三位一體，主張「以法治人、以術馭人、以勢制人」，其意涵與現代企業管理的「情境領導」（situational leadership）相呼應，也就是領導者應考量不同的時空背景、產業環境與團隊人員素質，並依不同的職位或角色，以適當的領導方法與技巧，造就高效率的團隊或組織。

《韓非子》〈定法篇〉說，「君無術則弊於上，臣無法則亂於下。此不可一無，帝王之具也（君王沒有治術，就會受到蒙蔽，臣子沒有法制，就會作亂；二者不可缺一，都是帝王治國時的必要工具）。」明白指出領導統御中「馭臣」「掌控」之術的重要性。

除《韓非子》外，術的另一重要論述是「選用對的人，做好對的事」。曾國藩在〈同治元年四月十三日 · 日記〉中說：「為政之道，得人、治事，二者並重。得人不外四事，曰：廣收、慎用、勤教、嚴繩（廣納收錄、謹慎使用、勤於教導、嚴格管理）；治事不外四端，曰：經分、綸合、詳思、約守（縱向分析、橫向綜合、詳盡思考、約束職守）。操斯八術以往，其無所失矣（能夠按照這八個方法操作，就不會有所缺失）。」這正充分說明了領導統御中「得人治事之術」的精髓，也就是說做為優秀領導人的條件，獲得人才和處置事務兩者一樣重要。

以下分別針對術的五大面向進行探討。

2. 技藝、技能、學說

領導能力並非全然天生，可經由後天培養與學習

術是一種「技藝」「技能」「學說」，又稱「藝術」「技術」「學術」。20 世紀初期，法國實業家亨利 ‧ 費堯（Henri Fayol）主張，企業領導人必須利用人與資源，經由「計畫、組織、指揮、協調和控制」五大「功能」，達成組織目標。其中領導或管理的「功能」，就是指藝術、技術與學術的結合與運用，不僅要有效能（effectiveness），也要有效率（efficiency）。

值得注意的是，領導能力並非全然天生，是可以經由後天所培養，並且可持續學習。其中對應到「技藝、技能、學說」的能力，包含專業力、不斷學習力、思考力、創新力、自我反省力、教導力、引導力與培育人才力：

(1)專業力與不斷學習力：

專業力是指一種能執行特殊技能、技藝、作業程序的能力。每一種產業，在不同的時空環境下，都會有不同的專業要求，與韓愈〈師說篇〉中所說「聞道有先後，術業有專攻」具有相同的道理。領導者不斷學習、追求卓越，有助於組織之創新與變革，增加永續經營的能力。《管子》〈形勢解〉則說，「士不厭學，故能成其聖」，意即領導者提升多方面的能力，也能影響組織向前邁進。因此，如果說道是一種「悟」的結果，術則是一種「學」的結果，正所謂不學無術。

韓愈〈進學解〉說：「業精於勤荒於嬉，行成於思毀於隨。」原意是指「學業的精進，是因為勤勉進取；而使學業荒廢的，則是由於嬉戲怠惰」，強調透過不斷練習，才能臻於完美水平。管理學之父彼得・杜拉克（Peter

Drucker）也認為：「每兩年要更新專業知識，每四年要重新建立自己的基礎能力。」兩者都說明了不斷學習力的重要。

（2）思考力與創新力：

領導者必須要有「計畫、目標和決策」等思考能力，才能發揮有價值的創新。《論語》〈為政篇〉說：「學而不思則罔，思而不學則殆。」強調思考能力是一種不斷學習、訓練和改進的技能；而《禮記》〈中庸第19章〉的「博學慎思」與《論語》〈子張篇〉中「博學而篤志，切問而近思」，都認為學思不可偏廢。因為領導者的思路會決定組織的道路；而領導人思路的極限，則會成為組織發展的極限。

至於創新力，則可視為思考力的果實。《哈佛商業評論》曾提出「企業非獲利不可、獲利非成長不可、成長非創新不可、創新非人才不可、人才非品德不可」等5個不可。創新已成為創造競爭優勢，經營企業的重要元素。古人說：「溫故而知新」（這「故」不僅指出過去、歷史之借鏡，同時也指出早已存在，但尚未被發掘的事物）；《禮記》〈大學〉中的「苟日新，日日新，又日新」，都是一種創新的涵意，明白點出領導者創新的能力，可以顯現在新的思惟、事物、科技、方法、制度與流程等方面。

(3)自我反省力：

自我反省與管理能力愈強的領導者，愈是充滿信心、勇於接受各種挑戰與挫折。曾子在《論語》〈學而篇〉說：「吾日三省吾身，為人謀而不忠乎？與朋友交而不信乎？傳不習乎？」唐太宗也曾說過：「以銅為鏡可以正衣冠，以人為鏡可以知榮辱，以史為鏡可以知興替。」強調領導者能在錯誤中，不斷地自我反省，才能走向成功的境地。《從A到A+》作者吉姆·柯林斯（Jim Collins）指出，藉由謙虛的個性與專業的堅持，建立持久的卓越績效，這種自我反省的能力，是卓越領導者的特質之一。

(4)教導與引導力、培育人才力：

若將「企」字上方的「人」摘去，就成了「止」字，企業經營就會陷入困境，但是光有「人力」而無「人才」的企業，同樣不會成功。

人才難尋，識人、得人、用人、育人與留人，就是一種藝術與技術的結合。領導者教導力的強弱，將影響人才的成長。劉備曾說：「成大事以人為本」，因此三顧茅廬，而後才有孔明的「鞠躬盡瘁，死而後已」；前新加坡總理李光耀主政時，充分發揮領導者「廣收」人才，以達「善用人者能成事，能成事者善用人」的境界；《執行力》也指出，優秀人才與人才策略重於一切。終究，「改變這世界的，既不是科技、也不是理論，而是人！」

3. 心計、權謀、計謀

溝通說服、專注傾聽、賞罰明快，引領眾人達成目標

術是一種「心計」「權謀」「計謀」，又稱「心術」「權術」「謀術」。在中華文化述及統御之術時，就是指「法治」與「術治」的結合。一般認為，「法」屬於公開的制度與規章，而「術」則藏於領導者的心中，若能用心良善、用權正道、用計靈活的領導眾人，就能事半功倍地完成任務。而對應到「心計、權謀、計謀」的能力，則包含了溝通力（含說服力）、表達力、聆聽力、激勵力、啟發力、賞罰力與人際關係力：

(1) 溝通、表達與聆聽力：

溝通包含上情下達與下情上達，是企業群策群力的基礎。

傳遞「領導與溝通」技能的卡內基（Carnegie）訓練中心強調，「管理者從溝通開始，領導者從溝通成功。」領導者必須清楚傳達正確訊息給組織成員，不僅要思考「說什麼」，還要想「怎麼說比較好」。

《韓非子》〈內儲說上〉說：「一聽，則愚智分；責下，則人臣參（如果能一一聽取部屬的意見，就能明白所用人才智上的差別；如果能責求屬下陳述切實的建議，才能激發部屬參加議論）」，充分說明了領導者具備溝通與表達能力的重要。

此外，領導者也要隨時傾聽部屬的心聲，讓部屬願意表達自己的意見。《管子》〈君臣上第三十〉說，「別而聽之則愚，合而聽之則聖」，說明大眾的集思廣益，會讓一個企業產生新的動力。《韓非子》〈八經〉則說，「下君盡己之能、中君盡人之力、上君盡人之智」，一語道出最高明的領導人懂得透過聆聽，學習他人智慧的好處。

(2)激勵、啟發與賞罰力：

古人說：「服德，服怨，難服人心」，指的是領導人欲成大事，必須先收服人心，才能取得眾人的支持，而收服人心的方法則包含激勵、啟發與賞罰。

領導者在激勵、啟發、與賞罰部屬時，應該恩威並施，剛柔並濟。古代兵家《黃石公三略》：「賞祿不厚，則民不勸；禮賞不倦，則士爭死。」意即對賢能的人、立大功的人，一定要給予充分的實質獎勵，不要只停留於精神層面的鼓勵，否則將無法鼓舞人心。

《司馬法》中也說：「賞不過宿，罰不過午（獎賞要即時不用等到隔天，處罰要得時不要過了午夜）」，才能使「忠直者及職，奸佞者膽懾（忠心正直的人專心工作，奸邪諂媚的人心生恐懼）」。

(3) 人際關係力：

人際關係力是一種做人處事、情緒智商（EQ）的訓練。《EQ》作者丹尼爾・高曼（Daniel Goleman）認為，有效控制情緒的人，能夠在人際關係中得到較好的回應，產生較高的工作效益。

《禮記・禮運》中提到，「何謂人義？父慈，子孝；兄良，弟悌；夫義，婦聽；長惠，幼順；君仁，臣忠」，簡單扼要地說明了6種人際關係處理的具體原則，以及領導與部屬之間，更須強調誠信。《論語》〈里仁篇〉認為「君子欲訥於言而敏於行（領導者說話要謹慎，而行動要敏捷）」，巧言令色與鄉愿的人，都不能得到真正的友誼和信任，因為不論是哪一層級的領導人，都必須透過與他人合作來完成任務，所以必須具有良好人際關係能力。

4. 方法、手段、程序

帶領團隊作戰，將願景與使命化為實際行動

術是一種「方法」「手段」「程序」，又稱「方術」「手術」。領導者不僅要讓員工看到願景，有時還要帶領和教導他們方法。

從《大學》中所述「大學之道，在明明德，在親民，在止於至善。知止而後定，定而後能靜，靜而後能安，安而後能慮，慮而後能得。物有本末，事有終始，知所先後，則近道矣。」與現今管理學中所說「計畫、組織、人員管理、指導與控制」等主張不謀而合，均說明領導者一定要有「修己治人」的方法，制定「程序」的能力，然後運用其手段，以實際行動帶領部屬達成願景。對應「方法、手段、程序」的能力，包含規畫力、果斷力、決策力、組織整合力與團隊建構力：

(1)規畫、果斷與決策力：

在了解產業趨勢和組織未來發展後，領導者清楚地將企業使命與組織目標，規畫出可行的方案，並有效利用有限資源，配置合理務實的部門預算，並堅決地做出最後策略（果斷力），在正確的時間選擇對的策略（決策力），做對的事（Do right things）。《孫子兵法》〈始計篇〉說：「經之以五事（道、天、地、將、法），校之以七計（主孰有道、將孰有能、天地孰得、法令執行、兵眾孰強、士卒孰練、賞罰孰明）」，即是領導者定要有縝密的規畫、正確的判斷、明智的決策來達成預期的成果。

(2)組織整合、團隊建構力：

如何凝聚團體能量？杜拉克曾說：「創造一個整體，使其大於各部分的總合；一個有生產力的整體，與產出大於投入的總合。」這和

《孫子》〈兵勢篇〉所說：「凡治眾如治寡，分數是也；鬥眾如鬥寡，形名是也。」其原意為「管理人數眾多的部隊，就像管理人數少的部隊一樣，這是屬於編制的問題；指揮大部隊作戰，就像指揮小部隊作戰一樣，這是屬於指揮號令的問題。」道理是相同的。

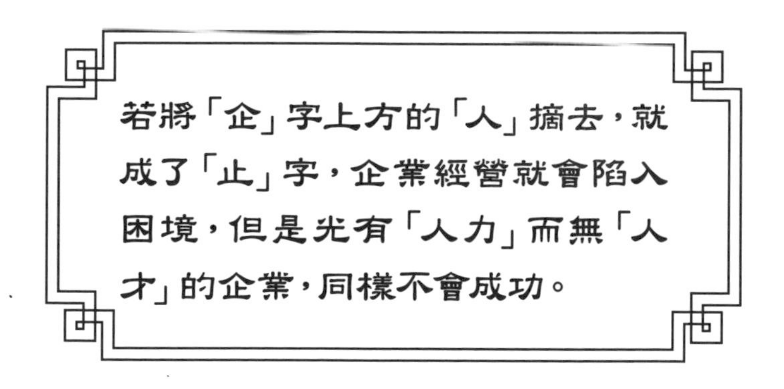
若將「企」字上方的「人」摘去，就成了「止」字，企業經營就會陷入困境，但是光有「人力」而無「人才」的企業，同樣不會成功。

5. 力量、工夫、氣勢

兼容思考與行動之長、依部屬專長指派任務

術是一種「力量」「工夫」，也是一種「氣勢」，又稱「武術」「招術」。《韓非子》〈八說篇〉說：「古人汲於德，中世逐於智，當今爭於力（上古競於道德，中世逐於智謀，當今爭於力氣）。」對領導者而言，能夠展現其真正的領導實力，就是「工夫」，然後再由卓越的執行力，駕馭部屬，建構團隊力量，來達成目標。「力量、工夫、氣勢」可對應於執行力、行動力、駕馭力與控制力：

(1) 執行力與行動力：

《中庸》說：「博學之，審問之，慎思之，明辨之，篤行之。」一語道出由學習、質問、思考到明辨是非，最後以行動來達成目標的重要性。因此領導者要有全力以赴把事情做對、做好

的執行力，再由思考家成為行動者。鴻海集團董事長郭台銘曾說：「在今天的世界，沒有大的打敗小的，只有快的打敗慢的！」而《執行力》一書也說：「沒有執行力，哪有競爭力！」由此可知，執行力與行動力是達成目標的重要關鍵。

(2)駕馭力與控制力：

《韓非子》〈定法篇〉說：「術者，因任而授官，循名而責實，操殺生之柄，課群臣之能者也，此人主之所執也。」大意是說，領導者必須依部屬才能派任職務，賞罰分明考核部屬績效，這就是駕馭部屬最簡單的方法。而領導者本身也要能駕馭與控制自己的心靈與修養：對於外來的挑戰，有著「泰山壓頂，面不改色」沉著的勇氣；對於內部組織的人事，則要有「瞭若指掌」，充分掌握資訊與人脈流動的駕馭力；而在自身言行上，更要有「動見觀瞻」的警覺與自制。

6. 權宜、變通、隱密

主動追求變化，洞察危機、預先做好準備

術又有「權宜」「變通」「隱密」之意，又稱「變術」「隱術」。所謂「權宜」「變通」，就是通權達變，靈活變通、不拘泥於舊章法。領導者必須適應客觀情況的變化，懂得變通不死守常規，因此領導者的應變力、變革力更顯為重要。通權達變又有「時變」「智變」之意，屬於領導統御中的「變術」。

《三國演義》中孔明「草船借箭」和「借東風」的故事，都是「變術」；至於「隱術」，則是一種堅忍、耐心與意志的修練。因此「權宜、變通、隱密」可對應至術中的應變力、變革力、意志力、堅忍力與危機處理力：

(1) 提高應變力與變革力：

杜拉克在《經理人的專業與挑戰》提到，社會環境變化無窮、競爭日益激烈，領導者主動追求變化、革新觀念，才不致於被環境所淘汰。《管子》〈正世篇〉說：「隨時而變、因俗而動。」商鞅則提出「不法古，不循今（不效仿古代，也不遵循現行制度）」的主張，皆認為法令必須應時代的要求而改變，不能守舊。韓非「法術勢相輔」的主張也強調「法」與「術」必須配合「勢」（指情勢、形勢、時勢）；《韓非子》〈心度篇〉說，「治民無常，唯法為治，法與時轉則治，治與世宜則有功（治理人民沒有永恆不變的常規，必須依靠合適的法律與措施，法律隨時代而改變就能治理，治國措施適應社會現實就有功績）」，說明了企業組織的管理規範，必須符合客觀環境，而領導者自我管理、思維模式與領導方式的改變，則會成為組織變革不可或缺的能力。

(2) 修練意志力與堅忍力：

從內心修練意志力與堅忍力，才能形不於色，隱密而冷靜，化險為夷並贏得最後的勝利。《周易》說：「天行健，君子以自強不息」，《論語》〈衛靈公篇〉則說：「小不忍則亂大謀」，都證明了意志力與堅忍力所隱藏內在的力量，也是領導者必修的工夫。

(3) 培養危機處理能力：

許多災禍的發生，事先是無法預料的。例如，911 事件、2008 年全球金融危機、以及日本海嘯。這些都考驗著領導者的平時洞察力與臨場反應力，是否了解到危機的存在，並且做好危機處理計畫。《孫子》〈用間篇〉提到：「故明君賢將，所以動而勝人，成功出於眾者，先知也。先知者，不可取於鬼神，不可象於事，不可驗於度；必取於人，知敵之情者也」，充分說明了領導者必須具有危機處理的能力與素養。

7. 術的應用

結合道與術，融會貫通東西方管理智慧

領導者必須結合道與術兩種能力。「道」是最根本不能變的，屬於無形內在的修練，追求組織未來願景；而「術」即求生可變的，屬於有形外在的執行力，講求的是管理技巧。例如，從安隆案（Enron）到 2008 年全球金融危機，都是企業領導人「有術無道」貪婪所造成。

東西方企業對於管理與領導的主張，其實是互通的。若將西方企業管理中，要求領導者所應具備的特質與能力，與《孫子兵法》「將者，智、信、仁、勇、嚴」領導統御特質與能力對照比較（如圖 6），不難發現，許多現代對領導者領導能力（也就是術）的要求，早已存在中國古人智慧中。

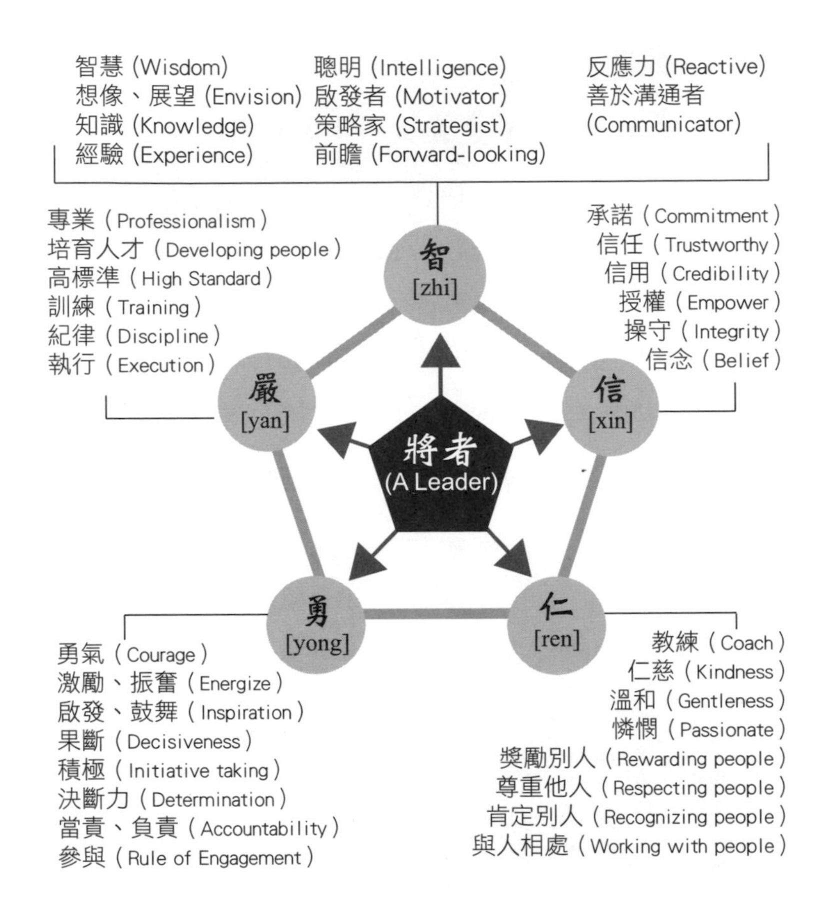

圖6 融合東西方管理智慧，提升領導技能

因此，在詭譎多變的時代，有效的領導除來自於領導者本身的品德修養外（也就是道），能應用不同的技能（也就是術），來帶領部屬時更是不可偏廢。而對於術的應用，究竟是一種學術、技術的教導，還是一種工於心計權術、謀術之運用，其中奧妙就要取決於領導者的智慧了。

論「勢」篇

審時度勢，帶領團隊開創新局勢

道與術是企業領導人必須同時具備的領導修為與技能。但領導人除了設立願景、有效管理外，還要能夠審時度勢，察覺大環境的變化、掌握趨勢，即使身處於劣勢中，也能避開風險與威脅，創造競爭優勢，就好比一位能征善戰的將軍，作戰時知彼知己，了解敵我的形勢（陣勢）、戰場的狀態（態勢），才能決定正確的作戰策略。

優秀領導統御的條件，必須由「道、術、勢」三元素共同建構而成。

1.勢的兩大意涵

衡量時空環境變化、勇於做出改變，實踐領導職權

2.勢的五大面向

樹立好榜樣、帶領部屬，判斷情勢、把握天時地利

3.知識經濟興起

產業、商業、組織結構遽變，創造時勢的好時機

4.勢的作用

明辨時勢、善於造勢、勤於用勢，才能趁勢而起

論「勢」篇

優秀的領導統御必須由「道術勢」三元素共同建構而成。領導統御中的「領導」，是一種「道」（包含願景、價值觀與使命），著重於「心道的傳遞」，強調領導者健全的人格品德，能夠令部屬心悅誠服並成為組織團結的核心；而「統御」，則是一種「術」（也就是管理方法），著重於「方法的運用」，強調領導者能夠了解，並引導、指揮部屬。

除了「道」與「術」外，領導統御的條件還應包含「勢」（指內外在時空環境）——權勢（人物從屬關係）、情勢／形勢（所需要領導的事件狀況）、時勢／局勢（所身處的時代背景）和趨勢（所面臨的環境變化）。從這些不同面向的「勢」中，可發現領導統御無法在真空的環境中進行，必須在有人物、事件的環境中才能施展，因此「勢」與領導者的領導力密不可分。而這正是本文所要探討的課題。

1. 勢的兩大意涵

衡量時空環境變化、勇於做出改變，實踐領導職權

領導統御中的「勢」，可分為狹義和廣義兩種意涵：

◆ **狹義的勢**：是一種power，指權位、權力、權柄，有「位勢」（亦稱為勢位）「權勢」「威勢」之稱。

◆ **廣義的勢**：可分成靜態與動態。靜態的勢，指的是事物的外觀（appearance）、形體（shape）、事件現象或環境狀態（situation or circumstance），如事勢、物勢、形勢、態勢、時勢、地勢。亦指事件發展的趨向（tendency）、環境變化的狀況（state of affairs），如趨勢、情勢、局勢；動態的勢，指力量（force）的奮起或衰落，如不可掌控的天勢、風勢、雨勢、或可掌握的創勢、造勢、求勢。

論「勢」篇

中國國學談「勢」時，常與「道、法」並論。法家韓非子又將上述的「勢」區分為「自然之勢」和「人設之勢」兩大類（詳見圖 7）。而領導統御中的「勢」強調的是：

- ◆ 領導統御必須要有一定的環境才能進行。領導者如果不能處在適當的時代或環境中，將會很難實踐領導理想與展現領導力。
- ◆ 不同時代和環境造就出不同型態的領導者，對領導者能力的要求有所不同。
- ◆ 卓越的領導者往往是能創造時勢者。

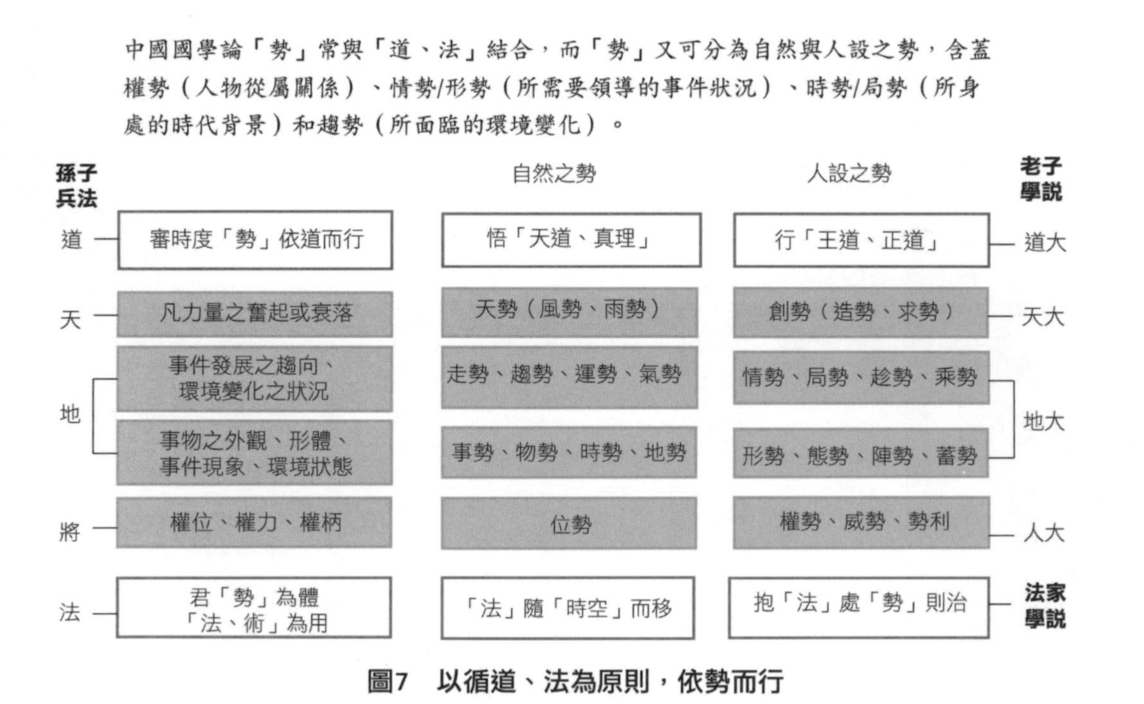

圖7　以循道、法為原則，依勢而行

2. 勢的五大面向

樹立好榜樣、帶領部屬，判斷情勢、把握天時地利

領導統御中「勢」的解析，包含五大面向（詳圖8）：

(1) 具有「位勢」、擁有「權勢」，展現「威勢」

領導者除以「道」與「術」展現領導能力外，在中國國學中談論君主，更應要具有「權位」（即位勢），擁有並掌握「權勢」，才能施展「威勢」來駕馭群臣、統治群眾，這其實就是法家「法、術、勢」中心思想的統合詮釋。

在法家思想中，商鞅重法（健全法制），申不害重術（駕馭群臣），慎到重勢（君主的權勢）。韓非子再集「法、術、勢」之大成，並認為三者之中「勢」最為重要。因為領導者不僅要有「位勢」，更要有「權勢」，否則根本無法行

導統御中的勢，共包含以下五大面向：

領導者因具有「權位」（位勢）、
擁有「權勢」、若適當展現「威勢」，
就更能駕馭部屬、統領群眾。

領導者了解時代演進（時勢）、環境變化（情勢）、未來事件走向（趨勢），做好因應與變革。

領導者必須選對的人、做對的事（擇人任勢）、更能創造對本身有利的優勢和競爭態勢（創勢）。

圖8　勢的五大面向

「法」用「術」。《韓非子》〈人主篇〉說「萬乘之主、千乘之君所以制天下而征諸侯者，以其威勢也（國家的君主之所以能統治天下討伐諸侯，憑藉的是威勢）」；其〈難勢篇〉又說「抱法處勢則治，背法去勢則亂（結合法制擁有權勢就能治理，背棄法制喪失權勢就會混亂）。」充分表明「以君勢為體，以法術為用」，可見君主擁有權勢，才能掌握大權之重要性。

從古至今無論是政治官場、企業組織，從屬架構的關係幾乎都是以權勢大小為依歸，並非以才能、是非、或品德高下做為標準；這也說明了為何自古以來，不少人為權位、名位明爭暗鬥的道理。因為沒有了權勢或職權，就只是一般百姓、員工，就如同《慎子》〈威德篇〉中所說「堯為匹夫，不能使其鄰家。」說明無論任何領導者一旦失去權勢、地位，也不過就是一位普通的平民老百姓，即便是堯帝也如此。另外一個有名例子，便是國父孫中山先生，他因為退讓權位，導致無法繼續推動「民主、民權、民生」的理想政策。

領導者固然要有威權，更重要的是要具有威信。威權（Power）是一種領導權力，而威信（Authority）卻是一種領導者的人格與技能；施展威權不需要用到智慧或是勇氣，但是要在眾人面前樹立威信，卻必須要有一種令人敬佩的人格特質與領導技能。例如，台積電董事長張忠謀治理企業有方，曾一度退居二線，但在2008～2009年金融危機造成顧客與員工對台積電失去信心時，他決定重掌職位，再展權位與威信，立即挽回投資大眾與顧客的信心。清朝康熙年間秀才李毓秀在《弟子規》書中說：「勢服人，心不然；理服人，方無言。」領導者必須明瞭用自己的好榜樣與行為感化部屬、帶領員工，才是重要的。

但在一些特殊情況下，領導者卻非得要有威勢不可。例如，鴻海集團總裁郭台銘素以治軍嚴厲、強勢領導著稱，倘若無足夠的權勢與威勢，他是絕對無法有效的統領百萬員工的。

(2) 順應「天勢」、知曉「地勢」，把握「運勢」

在自然界中，有許多人們無法掌控的環境，領導者必須順應與了解「天勢」和「地勢」的重要。

《孫子兵法》〈始計篇〉論及「經之以五事」時，特別強調「道，天，地，將，法。」的重要性，與老子《道德經》第 25 章「故道大、天大、地大、人亦大。域中有四大，而王居其一焉。」時，所説的「道」指的是「國家治理與企業經營價值觀、願景與使命應遵守的規律」；「天」與「地」指的是領導者所處的時代與總體的環境（包括自然、經濟、政治、社會、文化、科技等），這些時空環境因素，就是所謂的「勢」；「將」是領導者本身；「人」是企業中所有的員工、股東、客戶。孫子兵法與老子學説（圖 7）一致指出領導者與「天勢、地勢」關係的重要性，更闡述了領導統御中「道、術、勢、法」必須同時具備，才能展現領導能力的重要意義。

老子《道德經》第 25 章説「人法地、地法天、天法道、道法自然（人要向地學習、地要向天學習、天又要向道學習、最後是道向自然學習）。」進一步敍述了領導者要師法「道天地」的規則，遵循天地自然的規律，才能做好環境中的主人，這也是中國文化思想中「天人合一」的精神所在。這種道理在 21 世紀的今日，更早已經得到充分的印證。例如地球暖化造成氣候反常，重要原因之一是來自人類濫墾森林，二氧化碳排放過多等因素造成，這些違法的行為，是個人的責任？或是領導者的責任，終究是不難瞭解的。又如，Timberland是世界著名的製鞋企業，在一次被環保人士抗議濫墾森林、殺戮牛隻而導致抵制購買該企業產品事件之後，即刻改善狀況，與環保人士全心全力保林育林，重新贏回尊敬。

而「地勢」指的則是地的形勢。《孫子兵法》〈地形篇〉說：「夫地形者，兵之助也。料敵制勝，計險阨遠近，上將之道（地形是用兵打仗的輔助條件，正確判斷敵情，積極地掌握主動，考察地形之險惡，計算道路之遠近，這都是賢能將領必須掌握的方法）。」〈地形篇〉又說：「知彼知己，勝乃不殆；知天知地，勝乃可全（為將者貴在熟悉敵我雙方的情勢，爭取勝利就不會帶來危險，懂得天時地利，勝利就可永無窮盡）。」對現今企業界而言，「天勢、地勢」就形同是一種產業或一種消費者市場「天時地利」的狀態。比如說，以台灣電子產業界為例，許多領導者已深知競爭激烈、匯率風險、成本增加等因素，只做產品代工製造已經好景不再，漸而開始轉型「建立自我品牌」，就是一種對產業和市場「天時地利」的認知，可見領導者不能不知「天勢、地勢」的重要。

領導統御與「運勢」無形中也有著密切關係。古人說：「天有不測風雲，人有旦夕禍福；人有凌雲之志，非運不能騰達」，因之才有「孔明臥居草蘆，能做蜀漢軍師；韓信無縛雞之力，封為漢朝大將；楚王雖雄，難免烏江自吻；天不得時日月無光，地不得時草木不長，水不得時風浪不平，人不得時利運不通。時也命也運也！」這些都說明了運勢與領導者之間的微妙關係。

領導者運勢不佳的例子其實很多，2000 年美國總統大選中最被看好的艾爾・高爾（Al Gore），雖贏得全國投票人數一半，卻未能超過憲法規定的選舉代表人票數一半，未能贏得總統寶座，這真是運勢不佳；另外日本在 2011 年 3 月所發生的地震與海嘯，這不是領導者之過，只是日本地勢所在、卻造成首相下台，這亦是運勢不佳之例。

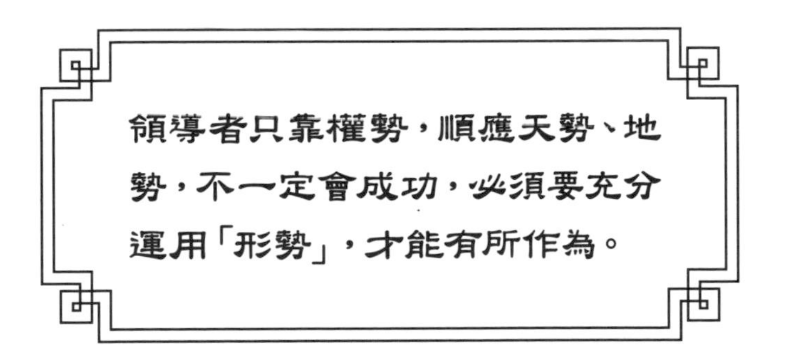

(3) 充分了解「形勢」，「借勢」亦能「趁勢」

領導者只靠權勢，順應天勢、地勢，不一定會成功，必須要充分運用「形勢」，才能有所作為。

「形是勢的基礎，勢是形的發揮。」兩者關係極為密切。《孫子兵法》〈軍形篇與兵勢篇〉說：「強弱，形也；勇怯，勢也（指軍事實力的強弱、作戰態勢的優劣）。」皆強調沒有強大的「形」，就不能產生克敵制勝的「勢」；例如，摩托羅拉公司第三代接班人克里斯多福 · 高爾文（Christopher Galvin）雖握有大權統領十萬大軍的企業，卻錯估當時手機數位化的「形勢」，與競爭者來勢洶洶的「態勢」，導致失去了領先的「局勢」，市場占有率節節下滑，最後不得不下台。

因此在企業組織中，優秀的領導者一定要了解「形勢」，察覺環境中的威脅，競爭的狀況與局勢，才避開風險、扭轉劣勢，並掌握生存的機會，創造市場競爭優勢。就好比一位驍勇善戰的將軍作戰時必定要知彼知己，了解敵我的形勢（陣勢）、戰場的狀態（態勢），才能決定作戰的策略。

《韓非子》〈觀行〉說：「因可勢，求易道（依靠可以成功的形勢，尋求容易成功的法則）。」說明一個領導者想要達到目的，一定要運用客觀的環境與形勢來行事，想辦法借助於周遭的人力、物力、財力來行事（借勢）。如三國時代孔明借東風，以火助攻，燒退十萬曹軍，就是「借勢」最好的實例。在企業競爭激烈的環境中，某些企業領導者深知自身能力與資源不足，無法在競爭環境中取勝，於是採取策略聯盟、購併等途徑，都是「借勢」生勢的運用。

(4) 分析「時勢」、了解「情勢」、洞察「趨勢」

俗話說「時勢造英雄」，不同時代背景和環境下，造就許多的英雄人物與不同型態的領導者。「時勢」指的是某一時期的客觀形勢，影響領導者關係甚大。

例如，在農業社會地主就是小農的領導者，在工業社會雇主就是雇員的領導者，在目前網路科技社會，以顧客或消費者為中心的經濟型態，其領導者意義更是迥然不同。趨勢大師阿爾文．托夫勒（Alvin Toffler）在《第三次浪潮》（Third Wave）書中，描述了人類文明重大改變中的三波浪潮（如圖 9）：

趨勢大師阿爾文·托夫勒（Alvin Toffler）在《第三次浪潮》(Third Wave)書中，描述了人類文明重大改變中的三波浪潮，強調環境會隨時間演變而有所不同，提醒企業導人與時俱進。

第一波浪潮
農業社會文明
(一萬年的時間)

金字塔形的社會結構
土地、自然之源、勞力為主要資源
以自產自銷為主的經濟型態
地主與佃農的社會關係

第二波浪潮
工業社會文明
（300年的時間）

多個層級的社會結構
生產線、辦公室、人力為主要資本
以市場為中心的經濟型態
雇主與雇員的社會關係

第三波浪潮
網路社會文明
(超過30年時間)

趨近於扁平的社會結構
知識、創意、人才為最重要的資產
以顧客或消費者為中心的經濟型態
個人自我經營的能力呈現

圖9　改變人類社會的三波浪潮

現今的領導者應懂得「情勢」是一種外在動態的環境，會隨著時間而變化，強調的是一種「情境領導」（Situational Leadership）。1969年，賀賽（Hersey）和布蘭查德（Blanchard）提出「情境領導理論」，強調環境因素對領導效能具有絕對的影響。因此，領導者要隨著產業環境的變化及員工的不同，改變領導與管理的方式，不能用一成不變的方法。

例如，在一個以工廠製造生產與品牌設計為主的企業，其成員在職教育、職能要求完全不同；因此領導者在帶領和管理部屬的方法，也就不能一樣；這是由於企業本質、員工素質、市場競爭需求等「情勢」不同所使然。一位優秀領導者不僅必須了解當時環境的狀態（形勢、態勢、局勢），更要隨時掌握環境可能的變化與趨向（情勢、時勢、趨勢），才能發揮優勢、避開危機。

(5) 卓越的領導者「創勢造勢」「擇人任勢」

在 1991 年波斯灣戰爭中，聯軍指揮官諾曼・史瓦茲柯夫（Norman Schwarzkopf）將軍運用《孫子兵法》〈始計篇〉中：「計利以聽，乃為之勢，以佐其外，勢者因利而制權也（一切以取利為前提，再製造出一定聲勢，用以輔佐其外。勢就是充分利用好當前有利的形勢，從而控制戰爭的主動權）。」的兵法，他先籌劃有利的「聲東擊西」的策略，創造有利的態勢，再藉此輔助對外的行動，使聯軍完全掌握戰爭的主動權，獲得速戰速決最漂亮的勝利。

「創勢」包含三個步驟：一為「求勢」，即「運籌帷幄之中」根據天候、地形、敵情，統合絕對兵力優勢；二為「造勢」，即「營造有利態勢」知彼知己，占據攻勢準備位置；三為「任勢」，即「決勝千里之外」出其不意、攻其無備、奪其勝利。2008 年金融危機爆發，全球經濟遭受波及，美國國會參議員歐巴馬（Barack Obama）充分掌握「人心思變」的情勢與局勢，以「相信改變」（Believing in Change）為口號，影響所及使得成千上萬的志願軍為其助選，因而導致大選票數橫掃全國，成為美國歷史上第一位黑人總統，這是趁勢、創勢、擇人任勢的實例。

其實，「創勢」不僅在於創造制伏對方的有利態勢，更能夠展現最佳的擇人任勢。《孫子兵法》〈兵勢篇〉中說：「故善戰者，求之於勢，不責於人，故能擇人任勢（善於用兵打仗的將領，要致力於追求與創造有利的形勢，而非苛責部屬，所以選擇適當的人，去創造有利的態勢）。」例如，在勢均力敵競爭的激烈環境下，企業領導者在充分了解市場的「形勢、情勢、趨勢」後，選對的人、做對的事，創造本身最大優勢。

3. 知識經濟興起

產業、商業、組織結構遽變，創造時勢的好時機

前述社會文明的演進，反映在歷史中許多領導人物成功與失敗的範例。以古鑑今，做為現代領導人必須正視身處的時空環境與社會結構，包括產業結構、商業世界、與組織結構三種層面：

(1) 產業結構：

在變化多端的環境中，領導者必須要建立能產生向心力的願景。現今領導者的智慧與格局，必須藉由對過去歷史文明演進有所了解，才能洞悉未來的趨勢。日本趨勢策略大師大前研一在《看不見的新大陸》書中，提出「知識經濟」，強調「知識與資訊的創新、擴散和應用」，必須與經濟發展結合，成為支持經濟不斷向上提升的動力與勢力，與過去重視土地、

勞動、原料等有形的傳統生產要素截然不同。大前研一指出，「知識經濟」共有四個面向：

◆**無疆界：**

全球資金、技術、產品、與人才到處流動，成為一個無疆界的經濟體。比如說，WTO與FTA協定如火如荼展開、電子商務超越各國間的疆界，或是更多關稅及貿易限制取消。

◆**數位科技：**

知識經濟是由數位科技啟動，造成資訊的自由流通，輕易地跨越各種界限，於國家或企業裡移動。比如說，電腦與通訊科技不單只是改善通訊方式，也改變了消費者的生活方式。

◆**高倍數：**

高倍數的成長，有時能得到高報酬，但也可能帶來更大的風險。比如說，高倍數變化的環境，使許多網路公司短期內致富；但網路泡沫化的速度，也使得許多公司一蹶不振。

◆**有形：**

知識經濟到處可見到有形面向的存在。比如說，淨現值在新世界中仍做為準確估計或預測企業價值的方法；其他有形面向如產品或服務品質，企業倫理與誠信，組織效能與顧客導向的觀念，至今仍是不能改變的企業競爭。

(2) 商業世界：

過去的商業環境與現在截然不同，影響企業經營策略的運用（如表 1）。

(3) 組織結構：

因應大環境的變動，領導者必須擁抱新思維，回應組織結構的變遷，才能帶領團隊走向更好的未來。領導者在進行組織結構變革時，必須考慮以下兩大面向：

表1 從有形的傳統生產要素，走向無形的知識經濟

影響企業成功或失敗的主要因素，隨著時間演變，逐漸從重視有形的生產條件與資源，走向無形的知識與趨勢等。

過去	現在
・自然資源決定力量，生產決定供應	・知識經濟就是力量，品質決定再需
・戰略以產品為驅動，目標以財務為導向	・戰略以客戶為驅動，目標以速度為導向
・層級結構，專業分工，利潤靠效率獲得	・扁平結構，團隊合作，利潤靠誠信獲得
・股東至上，關注價格，尋求自我利潤	・客戶至上，關注價值，貢獻社會責任
・改變緩慢，追求穩定，保持現狀	・轉變快速，追求創新，改革現狀
・強調命令與控制，領導是戰士，運用人力	・提倡授權與委派，領導是教練，培養人才

◆國家界限逐漸消失：

過去經濟活動受時空條件限制，已經被釋放。由於社會價值多元化，使得領導與管理失去標準化和集權化的作用，個性化的潮流已成趨勢，彈性和創新愈加重要。

◆生態保育受重視：

全球暖化造成生態環境改變、能源危機，未來對生態保育的重視、節能減碳，將成為人類社會的共同規範。此外，如今科技發展迅速、社會競爭激烈、生活壓力日益沉重，人們渴望著心靈滋潤的需求日漸增加。

每一個時代與環境的變動，往往就是領導者得以創新文明、改變人類生活方式之最佳時機。人類文明正面臨第四波浪潮沖擊，比如說，綠能革命和再生能源將如何改變人類生活習慣、經濟合作將如何超越意識的對抗、奈米科技將如何改變材料的建構、醫療生技將如何延長人類的壽命、文化創意將如何滋潤人們的心靈與生活內涵（圖10），這都將給許多人們成為社會上能「創造時勢」、受人敬仰的領導者最好機會。

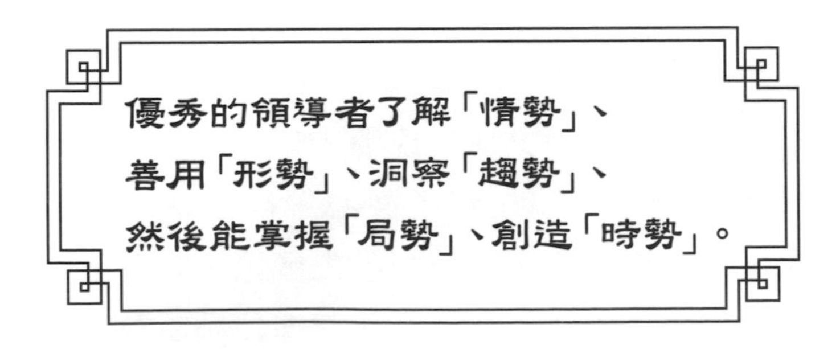

論「勢」篇

時代與環境變動，就是領導者創新文明、改變人類生活方式的最佳時機，企業領導人應掌握以下六大面向，創造時勢。

圖10 六大關鍵面向，提升領導力

4. 勢的作用

明辨時勢、善於造勢、勤於用勢，才能趁勢而起

從古至今，出現許多偉大的國君與卓越的企業家，均懂得如何運用「領導統御」中的「勢」。一般的領導者因擁有「權勢」、再運用「威勢」，來統治與駕馭群臣；優秀的領導者則了解「情勢」、善用「形勢」、洞察「趨勢」、然後能掌握「局勢」、創造「時勢」。

在一個動盪不安的環境中，人們期望改變與創新，領導者如何「趁勢」改變，展現創新變革的能力，在逆勢中扭轉劣勢、在順勢中展現優勢；更在於如何能創勢、造勢、擇人任勢，這時領導者「用勢」的功力，就將受到考驗。

從過去的歷史，發現到許多英雄領袖（例如林肯、邱吉爾、拿破崙等），並不是僅靠著聰明才智，或是只要具備「道」與「術」，就可展現成功的領導能力，他們必定還要具備「勢」（不論是「時勢造英雄」，或是「英雄造時勢」，或是「亂世（勢）出英雄」）的條件才可。如今的世界與生活周遭環境，全球暖化現象、產業競爭激烈、金融危機現象不斷發生，這究竟將是「浪淘盡英雄人物」，或是「英雄創造時代」，皆決定未來許多國家領袖與產業領導者與「勢」的密切關係！

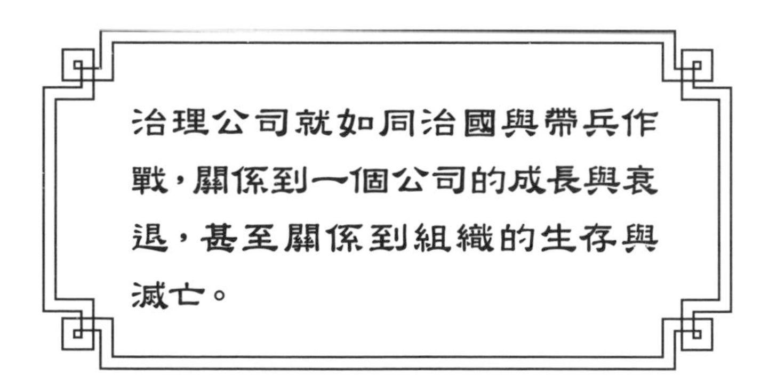

論「法」篇

重視法治，徹底落實
分層負責與授權

在「道、術、勢」三篇中，已將以「人治」為基礎的「領導統御」意義涵蓋完整。

只是許多時候優秀的領導者即使能充分運用「道、術、勢」的精髓，卻仍會遭遇領導或管理上的瓶頸，以致團隊績效不彰，目標未能完成。主要原因乃是因為領導者疏忽每位「被領導者」的思想、行為與素質各不相同，加上未能厲行「法治」所導致。

1.法的四大意涵

法統、法治、法制、法門，環環相扣、相輔相成

2.法統的作用

領導者依「法」就位，發揮角色力量、貫徹執行力

3.法治的精神

領導人「依法治理」，展現價值觀、贏得尊敬

4.法制的威信

制定優良制度與規範，領導者以身示法、豎立典範

5.法門的訣竅

結合「法」與「道術勢」，與時俱進、因地制宜

6.法的施行

分層負責與分權，貫徹法規制度

早在 2500 年前，中國戰國時代法家諸子就主張「人性本惡」的觀點。

人性本惡的假設，並不是說「每一個人都是惡人」，而是從人性「自利」的觀點著眼，《韓非子》所謂「利之所至，趨之若鶩；害之所加，則避之唯恐不及（利益所到的地方，許多人都爭著去追逐；災害要來臨時，想躲避都怕來不及）。」這種對人性趨利避害的假設，導致領導者在從事組織規畫或領導行為時，必須考慮到組織中有人會追求自身利益，甚至危及他人或組織的利益，領導者必須嚴加控制才能維繫組織運作。因此，法家在精神要義上採取「管理控制」的看法，一切要求依法令規章辦事、論功行賞或依法懲處，特別重視「規畫、組織、監督、控制」等管理功能。

西方領導學大師華倫．班尼斯（Warren Bennis）說：「領導者做對的事，管理者把事情做對。」一語道盡領導和管理的分別。領導不等同於管理，但領導的效能有時必須經由管理的功能來達成。在法家學說中，法的論述具有管理的本質，目的無非就是為完成領導者想要達到的目標。從法家《韓非子》帝王之術看領導統御，就認為法治是最有效的管理方式，它彌補了領導統御「道、術、勢」三元素中人治不足的地方。這也更顯示出《孫子兵法》所說練兵必須「經之以五事」曰「道、天、地、將、法」偉大精闢的地方：那就是國家大事（例如帶領國家或經營企業）乃是由「道」做起，繼而審勢「天地」、「將」再隨之、最後再以「法」確保成功。

綜觀古今中外領導者，如果能夠懂得運用法家思想的管理精髓，即以法（法令制度）、術（控制方法）、勢（權力威信）相結合，即可表現優異，如中國歷史戰國時期秦始皇迅速統一中國，現今亞洲地區維持四小龍之首的新加坡，都是實施法治之例，由此可見法的重要性。

1. 法的四大意涵

法統、法治、法制、法門，環環相扣、相輔相成

「法」的字義，大致有「依據、根本、源起、紀律、規律、規範、制度、刑罰、律令、方術、法術、方法」等意義。其意涵可以歸納以下四大類（圖 11）：

◆ **依據、根本、源起：**

如法統（在法律上有正當性，合法地位）、法源（法律的本源、法律的合理根據）、法理（法令的原理原則）。

◆ **紀律、規律、規範：**

如法治（施政根據的政治形態）、法則（在自然科學、現象中所見的經驗性規律）、法紀（法律規章、行為規範）。

◆ **制度、刑罰、律令：**

如法制（法律與制度）、法令（立法機關制定的刑罰）、法律（行政機關制定的行政命令）。

◆ **方術、法術、方法：**

如法門（佛家、入道的門徑，亦泛指治學、作事的途徑）、法術、魔法（指道家玄術及術士符咒，法家刑名之學）、辨法（眾佛所說的妙法）、算法（數學上法數的簡稱）。

領導統御中「法」的意涵指的是：法統、法治、法制（法治不同於法制：法治代表的是法律運行的概念、狀態、方式、和過程；而法制是一個靜態的概念，是「法律制度」的簡稱。），再其次為法門（法術、方法、辨法、門徑、或途徑）。以下就近代環境領導統御中法的重要意涵，與古人智慧做對照和闡述。

領導統御中的法，具有四個重要意涵：

· 法統：講求的是領導者擔任職位的合法權力
· 法治：法治強調的是守法的精神
· 法制：法制代表的是法律與制度
· 法門：則是依組織特性與成員素質實施相關法令

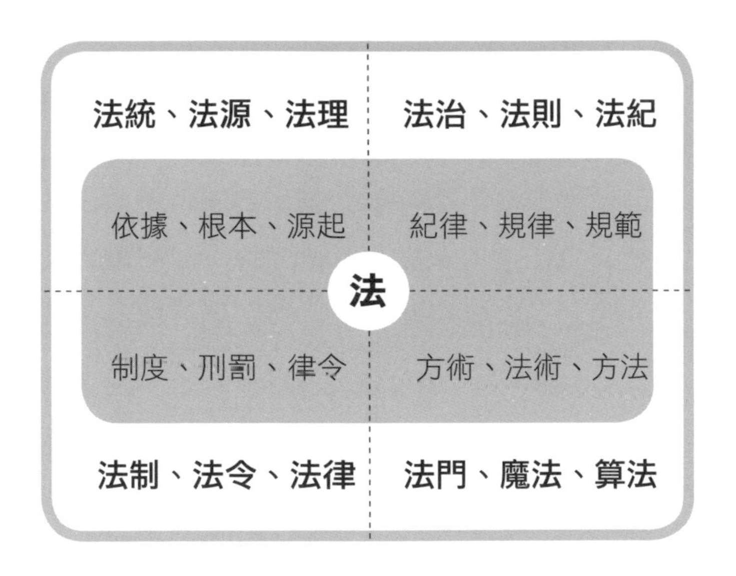

圖11　法的四大意涵

2. 法統的作用

領導者依「法」就位，發揮角色力量、貫徹執行力

領導者與被領導者的關係並不是無條件的，領導者必須掌握某些能夠滿足被領導者的資源或力量，才能影響被領導者。西方學者認為，領導者的領導力量來自三方面：人格力量、知識力量、和角色力量。對照中國古代領導統御的主張，人格力量是「道」、知識力量是「術」、角色力量則是「勢」與「法」（圖12）。

領導者因為在組織中占有某一職位，而擁有角色力量，上從古代世襲制度的君主政治，到現代透過選舉的民主政治，下至企業董事會領導層的任用、組織內部人事晉升，都賦予領導者擔任職位的角色權力，又稱為合法權力（legitimate power）。

論「法」篇

西方學者認為，領導者的領導力量來自三方面，與中國古代領導統御的主張對照：人格力量是「道」、知識力量是「術」、角色力量是「勢」與「法」。

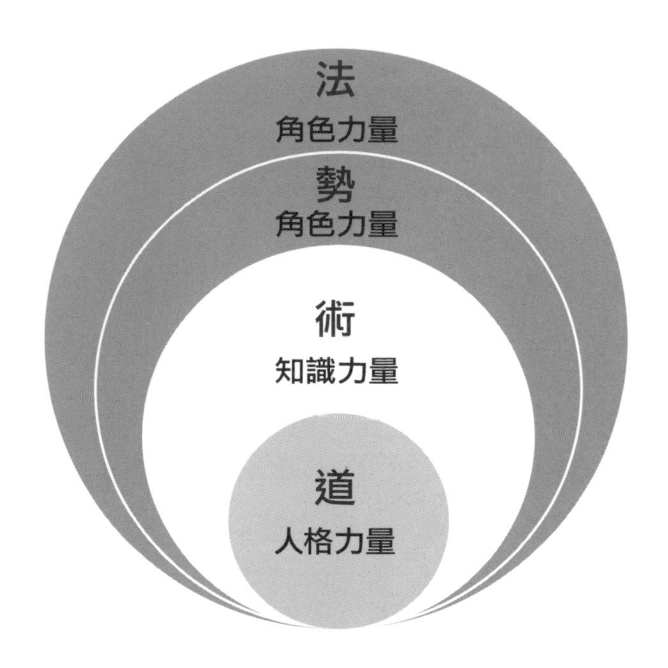

圖12 領導力量來自三方面：
人格力量、知識力量和角色力量

由於領導者具有法統、法源地位，相對地能展現較大的角色力量。例如，美國前總統吉米．卡特（James Carter）來自南方農夫家庭、雷根（Ronald Reagan）的好萊塢演員背景，以及歐巴馬（Barack Obama）的非裔血統等，在贏得美國大選之後，即刻成為美國三軍統帥，他們都是經由民主選舉法源而來，贏得至高法統領袖地位，而具有十足領導者角色權力，與法家學說核心思想中的「尊君」理念一致。

法家強調「法」與「術、勢」的結合與運用。《韓非子》〈難勢篇〉說：「抱法處勢則治，背法去勢則亂。」韓非認為，治理天下的君主即使天資平庸，只要能運用抱法處勢，把法治和權勢巧妙地結合起來，仍然可以將國家治理得有聲有色；反之，如果背離法度，丟棄權勢就會天下大亂。

事實上，這種法與勢的結合，在貫徹組織執行力上，只要領導者運用本身所處的地位得宜，還是能對國家、組織產生深刻影響。

例如，在一些優秀的組織裡，倡導優良企業文化、道德標準和行為規範。領導者就可以因勢利導、因法支撐，加強推行公司制度和文化，並強化組織紀律與規範，致使制度和文化更加深植人心。以法建立企業文化的例子也很多，例如，摩托羅拉（Motorola）公司執行長鮑伯．高爾文（Bob Galvin）為建立企業文化，曾將一位上任不久、違反公司「尊重個人」（respect for people）企業文化的副總裁開除，由此可見，企業領導者應該善用領導統御中勢（地位）與法（法則），使企業制度和文化更進一步落實。

而當公司文化或體制受到破壞時，比如說，少數人搞小圈圈、小組織、結幫派等，這些都足以破壞員工對公司的忠誠度和責任感，會危害公司的利益，打擊他人工作的積極性等；甚至是以權謀私、為貪圖個人小利而出賣公司利益等，這些不良風氣形成的原因，除了是由於員工對企業操守價值觀有所偏差之外，往往都是公司「文化紀律」不彰的問題（例如，宏達電和聯發科兩家公司，發現高層管理者出賣公司專利技術）。此時領導者應當嚴格制定法規，防止此等現象繼續發生，才能夠彰顯企業「文化紀律」的重要性，同時也能發揮組織「文化紀律」的價值，像是鴻海集團總裁郭台銘的「走出實驗室、就只有紀律」這句話，在在說明法家思想中「文化紀律」的重要。

3. 法治的精神

領導人「依法治理」，展現價值觀、贏得尊敬

法治是一種領導概念與守法精神，更是一種領導行為與執行過程。古代領導者以「法制」「統治」國家，現代領導者要以「法治」「治理」國家，兩者的概念不同。

在人類文明中，法律被重視或被遵守的程度，其實就是一個組織採用「人治」或「法治」的主要區別。法家學說認為，組織中的領導者必須厲行法治，嚴格考選，做到《韓非子》〈有度篇〉所說：「故明主使法擇人，不自舉也；使法量功，不自度也（賢明的君主用法選人，不用己意推舉；用法度定功，不用己意測度）。」所以，古代「法制」「統治」的詮釋，就是不但要有威嚴，施政亦須遵守法治；不管是行政管理、人員任免、官員提拔等，都必須有章可循、有法可依，按照制度辦事。

領導者法治的概念和精神，將影響一個國家的盛衰。《韓非子》〈有度篇〉說：「國無常強，無常弱。奉法者強，則國強；奉法者弱，則國弱（國家沒有永久的強、也沒有永久的弱。執法者強國家就強，否則就弱）。」此外，古人也曾說領導者「亂世用重典」，指出當社會混亂時、人們趨利避害時，法令就成為領導者治國的必要，因為律令刑罰不僅可防止奸民作惡，同時也能保障善良百姓的生命。

南北朝時期著名政治家王猛曾說：「宰寧國以禮，治亂邦以法（在不同時期，採取不同的治國之道。治世以「禮」為重，亂世要以「法」為重）。」從企業管理角度來說，企業如處在文明落後的國家中，公民水平不足、組織成員眾多又素質不均、行為不能自律、產業性質特殊時，就必須採取法制來管理群眾。例如，2014 年發生在越南的排華焚燒企業工廠掠奪物資事件，都是典型因為員工素質不均、行為不能自律、與政府缺乏法治和法制的原因有關。

論「法」篇

在中國歷史上，法家學説對以法治國有著厚實的論述，只是缺乏成功的領導案例。比如説，秦始皇結束戰國時期分裂混亂的局面，使中國正式走入統一的君主專政時代，嚴格而論，秦始皇推行的以法治國只是厲行「法制」，並不是一個真正的「法治」國家。這與近代阿拉伯人居住地區許多國家情形一樣，這些國家採用伊斯蘭教的教律，教條甚嚴，表面上似乎是「以法治國」，但由於公正性不足（例如，對待男女有別），這種以伊斯蘭教「教律」治國的説法，是否符合「以法治國」的精神，見仁見智。反觀新加坡，在近半世紀成為東南亞令人敬佩的國家，其成功原因在於以法治國，以及長年以來受李光耀法治觀思想的影響。李光耀的法治觀主張，將法律做為控制社會及群眾的工具之一，與中國法家的以法治國思想契合。

因此，在現今法治的概念或以法治國的說法，普遍應用於許多文明國家的憲法，除了特別強調法律的至高權威，更強調其公正性、穩定性、普遍性、公開性和平等性，以及對權力的制約與對人權的保障等一系列原則、精神和基本要求。

此外，法治的概念與精神，也顯示出領導者的價值觀，例如，以解放黑奴聞名美國前總統亞伯拉罕・林肯（Abraham Lincoln）在《蓋茲堡演說》（Gettysburg Address）中所強調的民有、民治、民享的精神（Of the people, By the people, For the people，意指為人民所擁有的，被人民所選出的，為人民而服務的），就是著名崇高法治精神的例子。

林肯為此崇高理念不惜掀起美國南北戰爭（American Civil War），不僅解放當時黑人奴隸制度，後來又建立法律制定的平等參政權

（不因性別種族等）。由此可見，一位具有法治理念的領導者，對世界、對組織所造成巨大影響。《韓非子》〈有度篇〉說：「法之所加，智者弗能辭，勇者弗敢爭（法令該制裁的，智者不能逃避，凶猛者不敢抗爭）。」又說：「一民之軌，莫如法（統一民眾的規範，沒有比得上法的）。」便有此意義。

以現代的企業管理的觀點，來看法家的法治思想，就是公司治理的重要精神，一個企業的領導者，首先必須要了解自己的角色與定位，明確知道領導者角色擔負的責任和權利。領導者雖擁有至高權力，但必須遵循國家法令治理公司；恪守企業文化建立優良價值觀、做為行事的準則；正派經營、定期繳稅、保護環境，重視社會責任；產品品質與價值能滿足消費者的需求；確保股東、顧客與員工三者利益，如此的公司治理、企業文化和管理制度才能贏得尊敬。

將法治概念用於企業組織，可稱之為紀律。著名企管大師吉姆．柯林斯（Jim Collins）在《從A到A+》（From Good to Great）傳遞一個重要訊息：卓越領導人（柯林斯在書中稱為「第五級領導人」）必須創造一個具有紀律文化的組織，其中包含「有紀律的思考、有紀律的行動、有紀律的員工。」無不都和法家思想中的律令、法則、和規範有著深刻的關係。

談到紀律，自然會想到軍隊式的管理，這也是建立在法家思想基礎下的一種制度。設想軍隊作戰，若無制度談何紀律、若無紀律談何服從、若不服從指揮談何貫徹軍令。企業團隊雖非軍事組織，在現代的社會也不宜完全採用軍事化的管理；但許多產業如製造業員工眾多、素質不齊，此時要求生產作業的效率，仍必須採用的法家思想基礎下類似軍事化的管理。

在領導統御領域中，有許多中國古人學說和思想精髓，與現代西方管理理論互相呼應。例如，依據俄亥俄州立大學（Ohio State University）心理學者家羅伯特·布萊克（Robert Blake）和簡·莫頓（Jane Mouton）所提出的「管理方格理論」（Management Grid Theory），以「人際關係」「工作結構」兩個向度來分析領導者的領導行為（圖 13）：

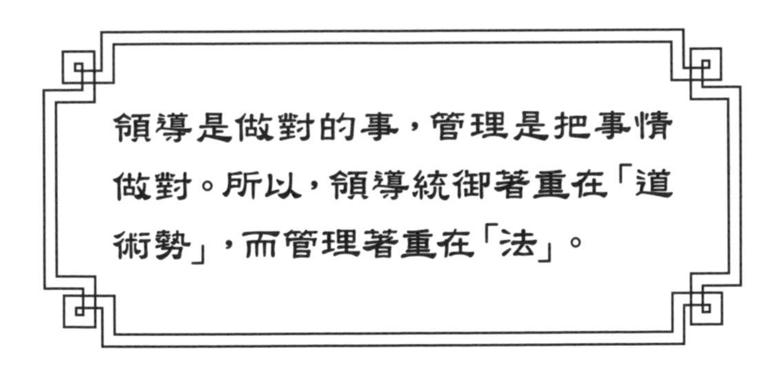

依據「管理方格理論」(Management Grid Theory)，以「人際關係」「工作結構」兩個向度來分析領導者的領導行為，發現領導者要麼以生產為中心，要麼以人為中心，然而更好的領導方式是同時結合這兩者。

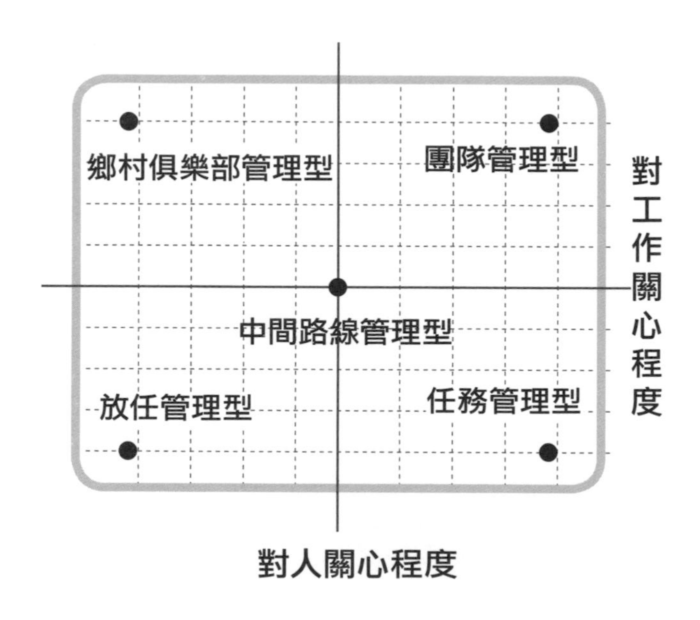

圖13 卓越領導人的特質：關懷部屬與工作

資料來源：《Management Grid Theory》，1964年

◆ **人際關係**(對人的關心)：

領導者和部屬互動時，是否體恤、考量部屬困難的處境；領導者的作風，是否能和部屬保持良好的人際關係；領導者是否能依被領導對象不同，選擇適當的領導型態等。

◆ **工作結構**(對生產的關心)：

領導者分派工作給部屬時，所交代的工作是否依組織規章制度，作業流程是否明確清晰而有條理。

廣義的說，韓非的法是建立並鞏固人們集體生活安定體制的一種手段，從企業管理的角度，指的就是領導者在工作結構向度上，對管理重視的程度，包含員工一切行為與作業事務的標準。韓非的法是以賞罰為手段，使人不敢違法亂紀，藉由法的訂定和實行，使人的行為有所遵循，達到統御的目的。企業管理中工作結構的管理，就是遵循制度與作業程序。因此可知，法家思想的重心並不僅在於律令和統治，更在於制度和管理。

西方領導學說中論及領導作風，包括美國管理學家羅夫·懷特（Ralph White）提出「權威式、參與式、放任式」三種領導作風；論及領導者的領導行為時，羅納德·李皮特（Ronald Lippitt）則歸納出「獨裁式的領導、民主式的領導、放任式的領導」三種行為，其中又以「權威式的領導」和「獨裁式的領導」最類似中國法家學說。

鴻海集團總裁郭台銘做事一向快、狠、準，同時擁有《孫子兵法》的靈活策略和法家思想的領導權威，來統領企業的百萬員工，達到一年超過四兆的營業績效。他的名言「獨裁為公」，讓員工既害怕又佩服。故有人認為「在郭台銘的血液裡，有軍事管理的基因。」也有人認為，郭台銘只是徹底貫徹法家思想中的紀律而已。由此看來，企業管理仍是可以採用法家思想。

國家以法立國或法令治國、企業以規則制度規範員工，不僅在於領導者「立法、制法」的動機，更在於「用法」的時機、和「執法」的方法是否適當。

4. 法制的威信

制定優良制度與規範，領導者以身示法、豎立典範

法制不同於法治，領導不等同於管理。沒有規矩不能成方圓，沒有制度不能實施管理，而企業管理終極目標是以最高效率產生最大效益。但因為被管理者思想行為素質的差異，同樣的道理和技術，仍有可能出現不同的領悟與行為，甚至會破壞團隊精神、打擊士氣，造成工作失誤影響績效。

因此現今企業管理機制無不廣設行為規範與標準作業程序（SOP，Standard Operation Procedures），要求員工遵守。在工作表現上優秀員工常受表揚，表現不佳員工遭受處罰。而行為規範是一種企業「法令」、工作標準機制是一種「規則」、賞罰分明是一種「制度」、它們都屬於法制的範疇。這與法家主張「以制

度為本、權術為用、法制為綱」的道理是一樣的。可見法家對人抱持著不信任的態度，一切以法律、條文、制度為依循的準則，因此法家學說中之「法」字也包含了「控管」之意，與企業管理中「內部控管」所要的「九大循環」（銷售與收款、採購與付款、生產、固定資產、投資、融資、薪工、研發、與資訊循環）是同一理念。

現今全世界文明國家，無不以法治國做為國家治理最崇高目標，「法制」則不必然地具有這些內涵。在領導統御論法時，雖以法家學說做為主要代表，但儒家、道家、《孫子兵法》等也都重法，如《孫子兵法》〈始計篇〉「道天地將法」中的「法」、「將者、智信仁勇嚴」中的「嚴」，指的都是法令的運用，已經考慮到對付團隊中之不肖者的方法。

中國歷史上最著名的故事，就是孫子在吳王面前示範練兵時，當場斬殺不聽命令、最為吳王寵愛的兩位美姬，以顯示軍法的威嚴。其實《孫子兵法》不乏有關「法術勢」的討論。〈軍形篇〉說：「善用兵者，修道而保法，故能為勝敗之政（善於用兵的人，總是注意修明政治，確保治軍法度，所以能成為戰爭勝負的主宰）。」

在中國大陸的聯想集團，任何規章制度一旦公布就必須堅決地執行，如果有人違反規定，就要接受懲罰絕無例外。例如，針對開會常有人遲到的現象，聯想規定召開會議時，遲到者將被要求在罰站一分鐘，會議也停下來奉陪。聯想集團的會議管理條例適用到每位員工，包括創辦人柳傳志本人，無一倖免。聯想能夠從幾百人發展到上萬人的規模，始終能夠堅持執行這項規定，關鍵就在於領導團隊帶頭遵守紀律，為員工做出了榜樣。

韓非子法治思想也強調公平公正。《韓非子》〈有度篇〉說：「故明主使其群臣，不邀意法之外，不為惠於法之內，動無非法（英明的君主不會讓他的臣子不受法律的約束，不會讓法律的特殊關照他的臣子）。」充分說明法律面前人人平等，〈有度篇〉又說：「法之所加，智者弗能辭，勇者弗敢爭。刑過不避大臣，賞善不遺匹夫（實施法律，聰明的人不能逃避，強橫的人不敢爭辯。懲罰罪過不回避大臣，獎賞功勞不漏掉平民）。」因此，凡是違反國家律令者，不論其身分究屬皇親貴族或販夫走卒，一律都得受到處罰，這種英明的君主引導大臣遵守法律的精神令人敬佩，與儒家的「刑不上大夫」真有天壤之別，也顯現出法家的嚴厲。

領導者不僅制定法令制度要求部屬遵守，其本身更要以身作則。君主犯罪與庶民同罪的社會或組織，才有公平、公正可言。否則又如《韓非子》〈有度篇〉說：「由主之不上斷於法，而信下為之也（若君主在上不依法斷事，而憑臣下任意妄為）。」即會使「法制」失去有效的意義。

5. 法門的訣竅

結合「法」與「道術勢」，與時俱進、因地制宜

領導統御是「統治、駕馭」的技術，更是「溝通、引導」的藝術。管理是「依據、法則」的科學，具有「規則、控制」的過程。領導不等同管理：領導是做對的事，管理是把事情做對。所以，領導統御著重在「道術勢」，而管理著重在「法」。

在近代領導統御研究中，有關組織應採用剛性還是柔性的領導，爭論不休；組織運作規範究竟應該要多、還是不宜過多，也有著類似的爭論。這些問題的答案並不困難，因為它們都隱藏在領導統御或管理所應採用的「法門」中，就好比前述「治世以禮為重，亂世要以法為重」的道理一樣，那就是應取決組織的特性和成員的素質。

論「法」篇

雖然中國式的領導受儒家思想影響很深，強調以人為本的帶人和帶心，但儒家也不反對法治，只是主張先教化後法治。《論語》〈為政篇〉說：「道之以政，齊之以刑，民免而無恥；道之以德，齊之以禮，有恥且格（用法制政令來開導人民，用刑罰糾正人們違法行為，這樣只能使人民避開刑罰而已，內心並不知羞恥；應該運用道德去感化引導，以禮制使百姓齊一，人們這樣就能生羞恥心，能即刻改正過錯）。」正是這種道理。

至於在領導統御或企業管理，究竟是應該依東方「情、理、法」的順序（以情為先、以理為本、以法為用），還是應該依西方「法、理、情」的順序（以法當先、以理為本、處之以情），成為經常被討論的議題。中國人常言道：合情合理、合理合法，情和法兩者，都要把理拉進來，才能真正合乎中國人的領導哲學：一切求合情、合理和合法。

現代企業組織管理強調的「棒子和胡蘿蔔」理論，並不是什麼特別新的理論。《管子》說：「明主之所導制其臣者，二柄而已矣。二柄者，刑德也。何謂刑德？曰：殺戮之謂刑，慶賞之謂德（明君用來控制臣下的，不過是刑和德兩種權柄罷了。什麼叫刑、德？殺戮叫做刑，獎賞叫做德）。」這二柄之刑德（賞罰或獎懲），就是胡蘿蔔和棒子。

成功的領導者也得注意法令與時代的關係，《韓非子》〈心度篇〉說：「法與時轉則治、治與世宜則有功（法制與社會發展而發展變通，則天下太平；法制與社會發展相適宜，法制才會發生好的作用）。」法家商鞅也提出「不法古，不循今」的主張，他們認為歷史是向前發展的，一切的法律和制度都要隨歷史的發展而演進。韓非則更進一步發展了商鞅的主張，提出「時移而治不易者亂」，他把守舊的儒家諷刺為守株待兔的愚蠢之人。治國與經營事業的方略，必須是如同《商君書》〈更法篇〉說：「當時而立法，因事而制禮（根據時間制定法律，根據事情制定禮儀）」才是適合。

如同前述，領導統御是一門「帶領眾人」的學問，它是一種技術、學術，更是一種藝術。國家以法立國或法令治國、企業以規則制度規範員工，不僅在於領導者「立法、制法」的動機，更在於「用法」的時機、和「執法」的方法是否適當。《韓非子》〈定法篇〉說：「君無術則弊於上，臣無法則亂於下（執政者若無術治，則無法把人放到適當的職位上，並有效約束他們，即無法發揮執政的功能。同樣的作臣子的要訂定明確的法令，使人民遵行，否則無法治理）。」即說明「用法」和「執法」要合時合宜，而且更要有技術、藝術，這就是有效領導運用法治的不二法門。

6. 法的施行

分層負責與分權，貫徹法規制度

我國歷代哲學家之政治思想，多含有領導理念。雖然各家強調的有所不同，但許多思想互補，並非獨斷專行。當儒家學說的「仁治」「德治」「禮治」、道家學說的「無為而治」、《孫子兵法》中的「道天地將法」在許多中國統治階級奉行為領導理念和治國方針，並展現出領導統御中之道時，《孫子兵法》和法家思想同時提供了許多對領導統御中之「法」「術」和「勢」的精湛論述。

傑出的領導者皆能同時呈現「領導是做對的事」與「管理是把事情做對」的能力。法家學說談律令、規則、規範、制度等，提供「抱法處勢則治」的理論依據，所以特別重視法治、分層負責與分權之領導與管理概念，不僅影響中國兩千多年來的君主政治深遠，「法制或法治」思想早已成為許多古今國家領袖在統治國家、企業領導者在經營組織時採用的規範。

現今全球進入 21 世紀後，經濟環境急速競爭，社會環境變化多端，近年來企業違法事件層出不窮，領導者如何運用法家思想管理智慧，訂定並徹底執行符合現代生活之法規制度，成為領導統御中應迫切思考的議題。

國家圖書館出版品預行編目資料

當東方遇到西方,領導統御核心智慧：道、術、
勢、法 / 瞿有若著. -- 初版. -- 新北市：
淡大出版中心, 2015.03
面； 公分. -- (淡江書系；TB012)
ISBN 978-986-5982-83-6(平裝)
1.領導者 2.領導統御
494.2　　　　104001830

淡江書系 TB012

當東方遇到西方
領導統御核心智慧—道、術、勢、法

作　　者　瞿有若
主　　編　陳清稱
校對審稿　陳玉好
圖片製作　賴惠萍
美術設計　吳孟蓉

發 行 人　張家宜
社　　長　林信成
總 編 輯　吳秋霞
執行編輯　張瑜倫
封面設計　斐類設計工作室
內文排版　方舟軟體設計有限公司
印 刷 廠　建發印刷有限公司

出 版 者　淡江大學出版中心
出版日期　2016年3月
版　　次　初版二刷
定　　價　240元

總 經 銷　紅螞蟻圖書有限公司
展 售 處　**淡江大學出版中心**
地址：新北市25137 淡水區英專路151號海博館1樓
電話：02-86318661　傳真：02-86318660
淡江大學—驚聲書城
新北市淡水區英專路151號商管大樓3樓
電話：02-26217840

ISBN 978-986-5982-83-6